Section du Biologiste

A. DESMOULINS

Procédés de conservation

DES

Produits et Denrées agricoles

MASSON & CIE

GAUTHIER-VILLARS ET FILS

GAUTHIER-VILLARS ET FILS ET MASSON ET Cie, ÉDITEURS.

ENCYCLOPÉDIE SCIENTIFIQUE DES AIDE-MÉMOIRE

DIRIGÉE PAR M. LÉAUTÉ, MEMBRE DE L'INSTITUT

Collection de 250 volumes petit in-8 (30 à 40 volumes publiés par an)

CHAQUE VOLUME SE VEND SÉPARÉMENT : BROCHÉ, 2 FR. 50; CARTONNÉ, 3 FR.

Ouvrages parus

Section de l'Ingénieur

R.-V. PICOU. — Distribution de l'électricité. — I. Installations isolées. II. Usines centrales.
A. GOUILLY. — Air comprimé ou raréfié.
DUQUESNAY. — Résistance des matériaux.
DWELSHAUVERS-DERY. — Étude expérimentale calorimétrique de la machine à vapeur.
A. MADAMET. — Tiroirs et distributeurs de vapeur.
M. DE LA SOURCE. — Analyse des vins.
ALHEILIG. — Travail des bois.
AIMÉ WITZ. — Thermodynamique.
LINDET. — La bière.
TH. SCHLŒSING fils. — Chimie agricole.
SAUVAGE. — Types de moteurs à vapeur.
LE CHATELIER. — Le grisou.
MADAMET. — Détente variable de la vapeur. Dispositifs qui la produisent.
DUDEBOUT. — Appareils d'essai des moteurs à vapeur.
CRONEAU. — Canon, torpilles et cuirasse.
H. GAUTIER. — Essais d'or et d'argent.
LECOMTE. — Les textiles végétaux.
ALHEILIG. — Corderie.
DE LAUNAY. — Les gîtes métallifères.
BERTIN. — État de la marine de guerre.
FERDINAND JEAN. — L'industrie des peaux et des cuirs.
BERTHELOT. — Traité pratique de calorimétrie chimique.
DE VIARIS. — L'art de chiffrer et déchiffrer les dépêches secrètes.
MADAMET. — Épures de régulation.
GUILLAUME. — Unités et étalons.
WIDMANN. — Principes de la machine à vapeur.
MINEL (P.). — Électricité industrielle. (2 vol.).
LAVERGNE (Gérard). — Turbines.
HÉBERT. — Boissons falsifiées.
NAUDIN. — Fabrication des vernis.
SINIGAGLIA. — Accidents de chaudières.
H. LAURENT. — Théorie des jeux.
GUENEZ. — Décoration de la porcelaine au feu de moufle.
VERMAND. — Moteurs à gaz et à pétrole.

Section du Biologiste

FAISANS. — Maladies des organes respiratoires.
MAGNAN et SÉRIEUX. — Le délire chronique à évolution systématique.
AUVARD. — Séméiologie génitale.
G. WEISS. — Electrophysiologie.
BAZY. — Maladies des voies urinaires.
WURTZ. — Technique bactériologique.
TROUSSEAU. — Hygiène de l'œil.
FÉRÉ. — Epilepsie.
LAVERAN. — Paludisme.
POLIN et LABIT. — Examen des aliments suspects.
BERGONIÉ. — Physique du physiologiste et de l'étudiant en médecine. Actions moléculaires, Acoustique, Electricité.
AUVARD. — Menstruation et fécondation.
MÉGNIN. — Les acariens parasites.
DEMELIN. — Anatomie obstétricale.
CUÉNOT. — Les moyens de défense dans la série animale.
A. OLIVIER. — L'accouchement normal.
BERGÉ. — Guide de l'étudiant à l'hôpital.
CHARRIN. — Les poisons de l'urine.
ROGER. — Physiologie normale et pathologique du foie.
BROCQ et JACQUET. — Précis élémentaire de dermatologie. (5 vol.).
HANOT. — De l'endocardite aiguë.
WEILL-MANTOU. — Guide du médecin d'assurances sur la vie.
LANGLOIS. — Le lait.
DE BRUN. — Maladies des pays chauds.
BROCA. — Traitement des tumeurs blanches chez l'enfant.
DU CAZAL ET CATRIN. — Médecine légale militaire.
LAPERSONNE (DE). — Maladies des paupières et des membranes externes de l'œil.
KŒHLER. — Application de la photographie aux Sciences naturelles.
BEAUREGARD. — Le microscope et ses applications.
LESAGE. — Le choléra.
LANNELONGUE. — La tuberculose chirurgicale.
CORNEVIN. — Production du lait.
J. CHATIN. — Anatomie comparée (4 v.).

ENCYCLOPÉDIE SCIENTIFIQUE

DES

AIDE-MÉMOIRE

PUBLIÉE

SOUS LA DIRECTION DE M. LÉAUTÉ, MEMBRE DE L'INSTITUT

Ce volume est une publication de l'Encyclopédie scientifique des Aide-Mémoire ; F. Lafargue, ancien élève de l'École Polytechnique, Secrétaire général, 169, boulevard Malesherbes, Paris.

N° 169 B

ENCYCLOPÉDIE SCIENTIFIQUE DES AIDE-MÉMOIRE

PUBLIÉE SOUS LA DIRECTION

DE M. LÉAUTÉ, MEMBRE DE L'INSTITUT.

PROCÉDÉS DE CONSERVATION

DES

PRODUITS & DENRÉES AGRICOLES

PAR

A. DESMOULINS

Diplômé de l'École Nationale d'Agriculture de Montpellier
Chimiste-préparateur
au laboratoire agronomique de Blois

Mémoire couronné au Concours de Lyon (Mai 1895)

PARIS

MASSON ET Cie, ÉDITEURS,	GAUTHIER-VILLARS ET FILS,
LIBRAIRES DE L'ACADÉMIE DE MÉDECINE	IMPRIMEURS-ÉDITEURS
Boulevard Saint-Germain, 120	Quai des Grands-Augustins, 55

AVANT-PROPOS

Lorsqu'en mai 1895, nous présentions notre petite étude sur les *Procédés de Conservation des Produits et denrées agricoles*, au Concours National de Lyon organisé par le Comité de vulgarisation industrielle et agricole de cette ville, nous ne pensions pas la livrer plus tard au public.

Mais, encouragé par l'accueil bienveillant qui a été fait à notre Mémoire, puisque nous avons été assez heureux d'être premier lauréat, nous nous décidons à le faire éditer.

Nous croyons faire œuvre utile en agissant ainsi; car, jusqu'ici, les divers procédés de conservation des nombreux produits agricoles se trouvent disséminés dans un grand nombre d'ouvrages, peu à la portée du cultivateur.

En les réunissant dans un petit livre, on pourra les étudier plus facilement, et se rendre ainsi compte, en quoi laissent à désirer les méthodes qui ont été employées jusqu'ici.

Nous avons tâché de ne décrire que les procédés reconnus les meilleurs et qui ont été sanctionnés par la pratique.

Nous osons donc espérer que l'agriculteur pourra puiser d'utiles renseignements dans cet ouvrage, que nous avons d'ailleurs complété en différents points, depuis sa présentation au concours de Lyon.

Juillet 1896.

INTRODUCTION

—

La conservation des divers produits et denrées alimentaires, récoltés à la ferme, est d'une très grande importance.

A quoi servirait, en effet, que l'agriculteur ait beaucoup travaillé, beaucoup dépensé pour mener à bonne fin ses diverses cultures, si, après la récolte, par un manque de soins ou de précautions, son grain, son vin, ses fourrages ou ses fruits, venaient à se gâter.

Dans de semblables conditions, il aurait certainement bien mieux valu ne rien entreprendre.

Nous nous proposons, dans cette étude, de passer soigneusement en revue les divers procédés de conservation, dont l'application se présente journellement au cultivateur et qui, bien souvent, laisse à désirer.

Le moment précis où la récolte doit être

opérée, étant, en quelque sorte, intimement lié à la conservation ultérieure des produits, nous en dirons également quelques mots au début de chaque chapitre.

L'ordre que nous adopterons sera le suivant :

1° Conservation des grains et graines diverses.

2° Conservation des tubercules et racines.

3° » des légumes.

4° » des fruits divers.

5° » du vin, cidre et vinaigre.

6° » du lait et des divers produits de la laiterie.

7° Conservation des fourrages.

8° Conserves alimentaires susceptibles d'être préparées à la ferme.

CHAPITRE PREMIER

—

CONSERVATION DES GRAINS ET DES GRAINES

1. — Les grains et graines qui sont récoltés à la ferme, sont de diverses natures; les procédés de conservation à leur appliquer, ainsi que les soins à leur donner variant avec chacune d'elles, nous devons les étudier séparément.

C'est ainsi que, pour ce premier chapitre, nous adopterons la division suivante :

1° Conservation des grains de céréales.

2° » des graines de légumineuses farineuses et fourragères.

3° Conservation des graines oléagineuses.

CONSERVATION DES GRAINS DE CÉRÉALES

2. — Comme nous le faisons remarquer dans notre introduction, l'époque et les soins apportés pour la récolte, influent dans une large mesure, sur la conservation ultérieure des produits. Nous y consacrerons donc, tout d'abord, quelques lignes, en ce qui est relatif aux céréales.

« Il n'est pas nécessaire, dit Mathieu de Dombasle, que les grains de céréales soient parfaitement mûrs, au moment où l'on coupe la récolte. Quelques personnes prétendent même que le froment est plus pesant, plus coulant à la main et donne plus de farine, lorsqu'il a été coupé quelques jours avant sa complète maturité. Ce qui est certain, c'est qu'on évite par là une perte considérable qu'occasionne l'égrenage, surtout pour les variétés de froment et d'avoine dont les grains se détachent très facilement de l'épi, lorsqu'ils sont parfaitement mûrs. D'ailleurs, comme la moisson ne peut jamais s'exécuter en quelques jours, et qu'elle est souvent retardée par les mauvais temps, il est toujours prudent de la commencer le plus tôt possible. Cependant, il faudrait bien se garder d'exagérer le principe de la coupe prématurée des grains, car, si on les moissonnait, lorsqu'ils sont en lait ou encore très mous, on n'obtiendrait que des grains de qualité inférieure...

« L'époque la plus favorable est celle où la paille a presque complètement perdu sa teinte verdâtre et où les grains de la majeure partie des épis ne se laissent plus écraser en les pressant entre les doigts, mais où l'ongle s'imprime encore, dans la substance du grain comme dans un morceau de cire ».

Les recommandations du grand agronome ont été confirmées par les expériences de Payen et Pommier, ainsi que par celles de M. Novacki, professeur à l'École polytechnique de Zurich. Mais, s'il est avantageux d'opérer la coupe des céréales un peu prématurément, les grains se détérioreraient infailliblement, si on les liait immédiatement en gerbes ; il faut avoir soin de les laisser pendant quelques jours en javelles. Ces dernières doivent être retournées très souvent, surtout lorsque les conditions climatériques ne sont pas favorables.

Par les beaux temps, on les retourne après que la rosée s'est dissipée et que le dessus est bien sec ; la dessication, dans ce cas, est alors rapide.

Il n'en est plus de même, lorsque le temps est pluvieux ; il faut alors surveiller attentivement la récolte, ne pas épargner son travail et retourner les javelles autant de fois qu'il est nécessaire, parce qu'après cette opération, la paille et les grains étant soulevés, se dessèchent davantage. Elles doivent également être retournées, après les fortes averses, qui les tassent sur le sol, mettant ainsi le grain dans de bonnes conditions pour entrer en germination.

Le mieux encore, serait de former des moyettes de javelles, sitôt après la coupe de la céréale, car, par les saisons humides, le javelage sur le sol a de sérieux inconvénients.

Non seulement le grain risque beaucoup d'être détérioré, mais la paille est ternie, salie par les matières terreuses et perd ainsi une grande partie de sa valeur comme fourrage.

En mettant immédiatement les javelles en moyettes, on place les céréales dans d'excellentes conditions, pour que leur maturation s'achève et qu'elles soient à l'abri des intempéries.

Lorsque la dessiccation est parfaite, on procède à la mise en gerbes, qu'on transporte dans les granges ou en meules.

Ce qui vient d'être dit, s'applique non seulement au froment, mais encore aux autres céréales, seigle, orge, avoine, etc.

Ces notions indispensables sur la récolte des céréales étant exposées, nous en arrivons aux divers procédés de conservation qui s'y rattachent.

Lorsque le battage des céréales doit avoir lieu aussitôt après la récolte, coutume qui se généralise de plus en plus, grâce à l'emploi des batteuses à vapeur à grand travail, que des entrepreneurs spéciaux mettent aujourd'hui à la disposition de la culture, on ne fait que transporter les gerbes, des champs au point où aura lieu le battage.

Dans ce cas, les gerbes sont rapidement entassées en meules circulaires ou rectangulaires, que l'on ne couvre que si les pluies sont menaçantes. Ne devant subsister que peu de temps, ces meules ne demandent pas à être établies, avec beaucoup de soins.

Mais, il n'en est plus ainsi, lorsque les céréales doivent être conservées durant de longs mois avant le battage. Il importe alors, dans ce cas, d'assurer la parfaite conservation des gerbes, afin que les grains ne subissent aucune altération.

C'est pourquoi, nous devons envisager les deux cas suivants :

1° Conservation ou emmagasinage des gerbes.

2° « proprement dite des grains.

3. Emmagasinage ou conservation des gerbes. — Pour assurer la conservation des grains en gerbes, on peut avoir recours à l'emmagasinage en granges ou bien à la mise en meules.

Les avantages réciproques de ces deux méthodes sont ainsi exposées par Mathieu de Dombasle :

« Lorsqu'on n'opère pas immédiatement le battage des céréales, comme cela se pratique dans les pays méridionaux, on loge les grains dans des granges ou dans des meules. L'usage de ces dernières offre une économie importante dans la construction des bâtiments ; et les grains se conservent fort bien dans des meules convenablement exécutées, mieux même que dans les granges, puisqu'ils y sont plus à l'abri des dégâts, des souris et des rats.

« Mais la construction des meules exige beaucoup d'habitude et de soins, de la part des ouvriers qu'on y emploie ; il n'y a rien de pire qu'une meule mal exécutée, car elle donnera vraisemblablement naissance à de graves avaries. Aussi, lorsqu'on voudra introduire la construction des meules de grains dans un canton où l'on n'en connaît pas l'usage, il sera prudent de faire venir des lieux où l'on construit bien ces meules, un ouvrier expérimenté, dans les soins duquel on puisse placer une entière confiance.

« Quant à la dépense, c'est seulement pour la première mise de fonds, que l'on peut trouver de l'économie dans l'usage des meules, car, si l'on calcule la dépense qu'entraîne chaque année la construction et la couverture en chaume de ces dernières, on trouvera que ces sommes dépassent, dans la plupart des cas, l'intérêt du capital que l'on aura placé en construction de granges ; et, il est certain que ces dernières donnent beaucoup plus de sécurité, pour la rentrée des gerbes, lorsque la saison est pluvieuse. Pendant qu'on décharge la voiture à couvert dans les granges, on est souvent dans un grand embarras, pour éviter qu'une meule ne soit mouillée par les pluies, avant que sa construction en soit terminée, ou avant qu'elle soit couverte, de manière à la mettre en sécurité.

« La bonne conservation des gerbes dans les

granges dépend beaucoup des soins avec lesquels on y dépose les gerbes ; elles doivent être arrangées soigneusement, dans toute la masse du tas ou tesseau, de manière qu'elles ne laissent aucun vide entre elles. On peut ainsi loger un bien plus grand nombre de gerbes, dans la même capacité ; mais, en outre, on prévient ainsi autant que possible les altérations. C'est toujours, en effet, dans les vides où l'on ne peut avoir accès, que se manifeste la moisissure, lorsque les gerbes n'ont pas été rentrées suffisamment sèches.

« C'est donc une pratique vicieuse que de vouloir favoriser la dessication de la masse, en pratiquant soit dans les meules, soit dans les tesseaux des granges, des cheminées ou courants d'air, par des fagots que l'on y interpose, ou par tout autre moyen.

« Il est certain que la bonne conservation des gerbes dans les meules est due en grande partie à la nécessité où l'on est de disposer avec beaucoup de soins, toutes les gerbes, pour assurer la solidité de la masse sur tous les points. C'est aussi pour ces motifs, que les souris se logent très difficilement dans les meules où elles ne trouvent pas d'interstices pour pénétrer. Il est donc fort utile de prendre les mêmes soins dans la construction des tas des granges, quoique cela ne soit pas nécessaire pour la solidité, puisque la masse est soutenue de tous côtés par les murailles. Au reste, il est encore plus important dans les granges que dans les meules, de veiller scrupuleusement à ce que les gerbes soient parfaitement sèches au moment où on les entasse, parce qu'un peu d'humidité se dissipe plus facilement dans les meules où toutes les faces sont exposées à l'air ».

Telles sont les appréciations si justes de l'illustre agnonome de Roville; après elles, nous ne ferons qu'observer, que la mise en meules n'étant nécessitée que par l'insuffisance des bâtiments ruraux, il serait certainement plus avantageux de développer ces derniers et d'y opérer la conservation des gerbes, en prenant les précautions indiquées.

4. Construction des meules. — Les meules varient beaucoup, quant à leurs formes et à leurs dimensions. Les unes ont des parois presque verticales. Les autres sont plus étroites à leur base qu'à leur partie médiane.

Ces dernières sont de beaucoup préférables aux premières, parce que les eaux provenant de la toiture tombent plus difficilement sur les parois.

Les meules doivent être établies sur un sol sain ; après avoir délimité leur base, on commence par établir sur la terre un lit de fagots ou de bottes de paille, comme soustrait ; puis, on place au centre des gerbes en croix, les épis superposés. On dispose ensuite tout autour, de doubles rangées de gerbes, placées tête-bêche, les unes sur les autres, en ayant soin de bien les presser, pour éviter tout intervalle. Au fur et à mesure qu'on élève la meule, on agrandit son diamètre en faisant légèrement dépasser les couches extérieures sur les précédentes, de manière à ce que la partie inférieure de la meule constitue un tronc de cône renversé.

Cet élargissement se poursuit jusqu'à une hauteur de 3 à 4 mètres, à partir de laquelle on rétrécit au contraire successivement le diamètre des assises, de façon à former un cône. Pour terminer celui-ci quand la meule est suffisamment haute, on place sur l'axe, plusieurs gerbes debout et l'on termine l'édifice avec des bottes de paille.

Lorsque la meule est achevée, il convient de l'abandonner à elle-même pendant quelques jours, pour que le tassement se produise dans sa masse.

On procède ensuite à la couverture, que l'on

confectionne, de préférence, avec de la paille de seigle ou de blé. Une bonne précaution consiste à tremper au préalable, la paille destinée à former la couverture, dans une solution de sulfate de cuivre, afin d'en prolonger la durée.

Quant aux dimensions à donner aux meules, elles sont variables ; les plus fréquemment usitées sont cependant les suivantes :

Hauteur totale	10 mètres
Hauteur du sol à la ligne d'égout de la toiture . . .	3 à 4 »
Diamètre inférieur	5 »
Diamètre maximum	7 »

Il peut être intéressant de connaître le volume d'une meule, soit pour apprécier la récolte totale, ou pour toute autre raison.

La formule suivante, que nous empruntons à M. Garola, répond parfaitement à ce desideratum :

$$V = \frac{1}{6}\pi D^2 (H - h) + \left(\frac{D^2 + d^2 + Dd}{12}\right)$$

où

D = diamètre maximum
d = » de la base
H = hauteur totale
h = » du sol à la ligne d'égout.

En général, 1 mètre cube contient 100 kilogrammes de blé en gerbes, ce qui représente approximativement huit à dix gerbes.

CONSERVATION PROPREMENT DITE DES GRAINS

Les grains provenant soit du dépiquage ou du battage des céréales, doivent être déposés dans des locaux sains, aérés et dans lesquels la lumière pénètre aisément.

Ces salles spéciales prennent le nom de *greniers à grains.*

Ajoutons enfin que les grains peuvent également être conservés en silos. Nous allons successivement étudier ces deux modes de conservation.

5. Conditions auxquelles doivent satisfaire les locaux affectés à la conservation des grains. Les locaux situés au rez-de-chaussée doivent être employés le moins possible à cet usage; ils sont généralement trop humides, pour que les grains puissent s'y conserver, sans éprouver d'altération.

Il ne faut, en effet, pas oublier que le froment, orge, avoine, maïs, etc., sont très hygrométriques et s'emparent facilement de l'humidité de l'air, lorsque celui-ci en est imprégné. Placés dans de semblables conditions, les grains se boursoufflent, germent ou moisissent et contractent, en plus, une mauvaise odeur qui diminue beaucoup leur valeur alimentaire et commerciale.

Les locaux les plus convenables sont ceux situés au-dessus du rez-de-chaussée.

Les grains qui sont conservés dans de bons locaux, gardent, pendant plusieurs années, leur couleur, leur saveur et leur valeur nutritive, si l'on a la précaution de les tararer, de les pelleter de temps à autre, pour les aérer et s'assurer que certains insectes ne les attaquent pas.

Un préjugé, encore bien répandu dans nos campagnes, consiste à croire qu'on doit, de préférence, conserver les grains de céréales dans des locaux obscurs. C'est là une grande erreur, hâtons-nous de le dire. La lumière est en effet utile à une bonne conservation, en ce sens, qu'elle nuit aux divers ravageurs de nos greniers, tels que charançon, teigne, etc., insectes qui, tous, fuient la lumière.

Mais, si l'on doit aérer largement les greniers, ce n'est qu'à la condition expresse que l'air extérieur soit sec ; dès que l'atmosphère devient humide, il est nécessaire de fermer les ouvertures, pour les raisons exposées plus haut.

L'aire des greniers à grains est tantôt constituée par un plancher, tantôt par des carreaux en terre cuite.

Les planchers bien faits, parfaitement ajustés, se prêtent très bien à une bonne conservation. Ils ont cependant l'inconvénient de faciliter la multiplication des divers insectes et de rendre les nettoyages plus difficiles.

Pour ces dernières raisons, les carreaux de terre cuite sont très recommandables ; il faut cependant qu'ils soient de bonne qualité, et qu'ils ne produisent pas une poussière rougeâtre, nuisant à l'aspect du grain.

Les aires en bitume donnent également de bons résultats.

Dans le but d'empêcher les rats, souris, de pénétrer dans la pièce, on doit en garnir le pourtour de grands carreaux d'ardoise ou de terre cuite. C'est une excellente précaution, permettant de se mettre à l'abri de tous ces rongeurs.

Les ouvertures du grenier doivent être munies d'un châssis vitré ou d'un volet plein, pouvant s'ouvrir à volonté ; elles doivent également toujours avoir un grillage métallique, empêchant les oiseaux de rentrer dans le local lorsque les fenêtres sont ouvertes. Dès que l'air devient humide, on doit fermer les ouvertures, afin que les grains n'absorbent pas cette humidité.

D'ailleurs, une excellente mesure consiste à mettre dans le grenier quelques pierres à chaux qui absorberont la vapeur d'eau de l'atmosphère et préserveront les graines de son action nuisible.

6. Disposition du grain dans les greniers. — Les grains sont tout simplement disposés en tas, sur une hauteur moyenne d'environ 0,50 ou 0,60. La hauteur à donner au tas varie d'ailleurs avec l'état de siccité du grain.

Après le battage, ce dernier a encore une humidité assez grande, et mis sous une trop grande épaisseur, il pourrait s'échauffer.

Aussi, à pareil moment, il sera prudent de ne pas donner au tas, plus de 0,25 ou 0,30 de hauteur; à mesure que la dessiccation se produira, on pourra l'augmenter sans inconvénient.

Voici ce que dit encore, à ce sujet, l'éminent agronome Mathieu de Dombasle :

« Lorsque les grains sont battus, on doit les transporter immédiatement sur le plancher d'un grenier, sans les laisser séjourner dans les sacs, même pour un petit nombre de jours. Les couches que l'on forme peuvent être plus ou moins épaisses, selon l'état de siccité du grain. S'il est encore humide ou tendre, les couches ne doivent avoir que quelques centimètres d'épaisseur et on doit les remuer deux ou trois fois par semaine, dans les premiers temps. Quoique les grains paraissent parfaitement secs après le battage, ils ne peuvent encore être placés en couches de plus de 25 à 40 centimètres d'épaisseur et, pendant les premiers mois, on devra les remuer d'abord chaque semaine, puis, à de plus longs intervalles, à moins qu'il ne s'y manifeste des traces d'insectes, comme les charançons, alucites ou les teignes. Dans ce dernier cas, ce n'est qu'en remuant, criblant très fréquemment les grains, que l'on peut affaiblir les ravages de ces insectes ».

Quelquefois, les grains, au lieu d'être étalés sur l'aire du grenier, sont placés dans des coffres de dimensions plus ou moins grandes. La conservation s'y fait parfaitement, à la condition cependant que les grains soient absolument secs lorsqu'on les y emmagasine.

A différentes reprises, il a été proposé des greniers spéciaux, destinés à assurer une conservation plus longue. Nous n'en parlerons pas, car ces divers dispositifs sont onéreux et peu à la portée de la plupart des cultivateurs.

D'ailleurs, dans des greniers à grains disposés comme nous l'avons indiqué, et dans lesquels on effectuera, de temps à autre, les soins que nous allons examiner, la conservation s'y fera parfaitement et pendant plusieurs années. Ils ont, de plus, l'avantage de ne pas être coûteux, et d'exiger, de la part de l'agriculteur, une mise de fonds peu élevée.

7. Soins à donner aux grains durant la conservation. — Malgré les précautions signalées, il est bon, pour éviter toute altération, de donner, durant la conservation, quelques soins d'entretien, consistant en pelletages et criblages.

Grâce à ces opérations, nombre d'insectes qui peuvent exister sont détruits; de plus, ils permettent l'aération du grain, lui enlèvent aussi l'humidité qu'il a pu absorber et qui lui nuirait certainement.

Ces petits soins, répétés au moins une fois par mois, ne pourront que donner d'excellents résultats.

A cela, nous ajouterons que les greniers à grains réclament une grande propreté. Chaque année, on doit en blanchir les murs à la chaux, et boucher les crevasses qu'on y remarque.

8 Insectes nuisibles à nos greniers. Moyens de les détruire. — Nous serions incomplet si nous terminions ce qui a trait à la conservation des grains de céréales, sans passer en revue les divers ennemis qui ravagent nos greniers, et les moyens connus actuellement pour les combattre.

Les plus dangereux sont : le charançon du blé, l'alucite et la teigne des grains.

9. Charançon ou calandre du blé. — Le charançon ou calandre du blé (*calandra granaria*) est un petit coléoptère, malheureusement trop connu de la plupart des cultivateurs.

Il est de couleur brune et sa tête est prolongée en trompe, comme chez tous les curculionides, d'ailleurs. Le corselet a sensiblement la même longueur que les élytres; la longueur totale du corps est d'environ 3 millimètres.

Les dégâts que cause ce ravageur sont souvent considérables. Il hiverne dans les trous et fissures des murs, dans les fentes de plancher; il se montre généralement vers la fin, avril, ou au commencement de mai, alors que la température de l'air a atteint 8 à 9°.

Quelques jours après son apparition, il s'accouple et la femelle dépose ensuite dans le sillon du grain de blé, un œuf invisible à l'œil nu et placé près du germe. Elle continue ainsi, en attaquant autant de grains qu'elle a d'œufs à pondre.

Peu de temps après la ponte, l'œuf éclot et il en sort une petite larve apode, dont la tête est munie de fortes mandibules, lui permettant de creuser l'intérieur du grain et d'en consommer le contenu.

Au bout d'une vingtaine de jours environ, la larve est adulte; elle se métamorphose dans l'intérieur du grain; 12 ou 15 jours après, l'insecte parfait fait encore son apparition, et après accouplement, donne naissance à une nouvelle génération.

La multiplication du charançon est d'autant plus grande que la température moyenne est plus élevée. Dans les climats chauds, il peut y avoir jusqu'à huit générations; sous celui de Paris, on l'estime environ à trois. Bory de Saint-Vincent a constaté qu'une femelle peut, en une année, produire de 6 000 à 20 000 œufs.

Comme nous l'avons vu, c'est à l'état de larve que la calandre commet ses plus grands ravages, puisqu'il ne vit que très peu de temps à l'état d'insecte parfait. Mais, c'est justement alors sous cet état qu'il est le plus difficile à détruire, parce qu'il habite l'intérieur du grain.

Le charançon adulte aime la chaleur, le repos et l'obscurité. Par les pelletages, les criblages réitérés du grain, on parvient à les éloigner dans les greniers bien aérés, et encore faut-il que le plancher et les murs ne présentent aucune fissure.

Quant aux moyens proposés pour la destruction du charançon du blé, ils sont nombreux ; malheureusement, beaucoup d'entre eux sont insuffisants et parfois difficiles à pratiquer.

L'emploi des plantes à odeur pénétrante, telles que les pyrèthres, camomille, chanvre, a été souvent proposé pour éloigner les calandres, mais ce procédé est tout à fait insuffisant.

Il en est de même des chiffons imbibés d'acide phénique ou de pétrole ; d'ailleurs, en admettant même que ces diverses substances puissent être de quelque utilité en chassant les insectes adultes, elles n'ont aucune action sur les larves, les seules qui commettent des dégâts. C'est contre ces dernières qu'il convient de lutter énergiquement et actuellement, on peut, avec certains soins, arriver à leur destruction.

Contre les insectes parfaits, on a encore conseillé d'étendre sur les tas de blé des toisons de suint, dans lesquelles viennent se loger les calandres, et où il est alors facile de les détruire.

D'autres procédés de destruction sont mécaniques, comme les tue-teignes, ventilateurs, tarares et tuent les insectes par le choc.

Mais, par ces divers procédés, l'adulte seul est atteint et imparfaitement encore.

Contre les larves, divers procédés de destruction ont été préconisés ; le plus efficace consiste dans l'emploi du sulfure de carbone.

On peut l'appliquer en toute sécurité, pourvu que les greniers ne communiquent pas avec les appartements. Sinon, il faudra, avant tout, se préoccuper de boucher les ouvertures qui livreraient l'accès des locaux habités aux vapeurs toxiques.

Le grenier étant ainsi isolé, on met le grain en couche de $0^m,40$ ou $0^m,50$ d'épaisseur ou moins, si l'on peut. Sur cette couche, on place des flacons à large goulot, bien bouchés et contenant chacun 150 ou 200 grammes de sulfure de carbone.

On les espace d'environ $1^m,50$, les uns des autres et on les enfonce aux trois quarts dans le tas, de manière que le liquide ne puisse être renversé accidentellement.

On débouche rapidement les flacons, on recouvre le tout d'une ou plusieurs bâches et l'on se retire, en fermant soigneusement les portes.

Quelques jours après, charançons et larves sont détruits ; il ne reste alors qu'à aérer le grenier le plus possible.

Nous insistons sur la rapidité avec laquelle on doit mener l'opération, à partir du moment où l'on débouche les flacons, car les vapeurs de sulfure de carbone sont dangereuses à respirer au-delà d'un certain moment.

L'opération faite, il faut bien se garder de rentrer dans le local en traitement avec une lampe, une lanterne, sinon, il pourrait en résulter une explosion dangereuse.

Ce procédé, très efficace, n'altère pas sensiblement le grain et l'on ne doit pas hésiter à l'appliquer, si l'on veut sauver sa récolte.

On peut également mettre les grains contaminés dans des tonneaux et y verser environ 2 grammes de sulfure de carbone par hectolitre de grains. On ferme hermétiquement et deux heures après, la destruction des insectes et des larves a eu lieu.

L'emploi de l'acide sulfureux donne également de bons résultats. On brûle dans des tonneaux de la mèche soufrée, puis, on introduit le grain par la bonde, on ferme et on roule la futaille.

Au bout de quelques heures, les insectes sont tués. Après ces divers traitements, il faut avoir soin d'aérer et ventiler énergiquement le grain.

La désinfection préalable des locaux affectés à la conservation des grains est à recommander; elle permet la destruction de nombreux ennemis.

10. Alucite des grains. — L'alucite (*alucita cerealella* Oliv.) est un petit papillon nocturne, rappelant, par sa forme et sa taille, la teigne des étoffes. Il est de couleur gris argenté et a de 6 à 9 millimètres de longueur.

Quand il est au repos, ses ailes sont disposées presque à plat sur son dos; entre ses antennes, il porte deux palpes ou cornes, le rendant bien caractéristique.

La vie de ce papillon est très courte; il ne fait qu'accomplir les fonctions de reproduction de l'espèce, et meurt ensuite.

L'alucite est connue depuis longtemps; elle

est très répandue dans l'Angoumois, le Limousin, la Touraine, le Berry, la Sologne, le Blaisois et le Nivernais. A diverses reprises, ces régions ont eu à souffrir de ses dégâts.

Cet ennemi commence ses ravages dans les champs, lorsque les céréales sont encore sur pied.

Après la fécondation, la femelle dépose ses œufs dans le sillon des grains ; la petite chenille qui en sort pénètre dans leur intérieur et le ronge. Aucun signe extérieur apparent ne prévient le cultivateur que son blé est attaqué. Il n'y a que l'échauffement qui se produit dans le tas de grains, quelques jours avant la sortie des papillons, ainsi que la diminution du poids de l'hectolitre, qui en décèlent la présence.

La perte de poids atteint souvent 50 où 60 % ; la farine est remplacée par les excréments de la chenille.

Cette dernière est adulte, au bout de vingt ou vingt-cinq jours ; elle se transforme alors en chrysalide et, dix à douze jours après, l'insecte parfait apparaît. L'accouplement a lieu de nouveau et la ponte est déposée sur les grains.

Chez nous, il y a deux générations par an, de sorte que chaque femelle donne naissance à plus de 30 000 larves ; il est ainsi facile de se rendre compte de l'importance des dégâts que peut commettre l'alucite.

Les grains alucités ne donnent qu'une farine grisâtre, de très mauvaise qualité, d'un très mauvais goût, qui la fait refuser par les animaux domestiques.

La larve de l'alucite étant bien plus délicate que celle de la calandre, les chocs violents peuvent en détruire un grand nombre. Le tue-teigne de Doyère donne à ce point de vue d'excellents résultats.

Le sulfure de carbone, l'acide sulfureux, employés comme pour le charançon du blé, assurent également la destruction des alucites.

11. Teigne des grains. — La teigne des grains (*tinca granella* Fabr.) qui ravage aussi nos greniers, est bien souvent confondue avec l'alucite. Comme elle, c'est un papillon nocturne, mais elle s'en distingue par les caractères suivants :

Ses ailes ont une couleur plus foncée et portent des taches brunes transversales ; elle n'a pas les deux petites cornes signalées chez l'alucite. Enfin, au repos, la teigne des grains a ses ailes disposées en toit et non aplaties.

Sa chenille marque sa présence dans un tas

de blé en liant entre eux un certain nombre de grains, au moyen de filaments soyeux. C'est généralement en août qu'elle apparaît ; elle ronge l'intérieur du grain, sans y pénétrer entièrement comme la chenille de l'alucite ; elle se tient, en effet, le plus généralement, à l'extérieur des grains.

Au bout d'un mois, la larve est adulte et mesure alors 6 à 7 millimètres de longueur ; elle est blanche, tête brune, et porte seize pattes. Elle quitte alors les tas de blé, pour aller se métamorphoser en chrysalide, soit dans les fissures des murs ou des poutres. C'est sous cet état qu'elle passera l'hiver et le printemps, en attendant les mois de juin ou juillet, pour apparaître à l'état d'insecte parfait.

Les papillons ne sortent pas des greniers, comme ceux de l'alucite ; ils y restent continuellement et y opèrent leur ponte.

La destruction de cet insecte se fait comme pour l'alucite ; les chocs sont cependant plus efficaces que pour les ennemis précédemment étudiés, car, comme nous l'avons dit, la larve se tient généralement à l'extérieur des grains.

12. — Un autre ravageur des grains en greniers, surtout répandu en Afrique et même dans nos départements méridionaux, est le *trogosite mauritanique* ou *cadelle.*

C'est un coléoptère à corps déprimé, ayant le dessus du corps noirâtre et le dessous brunâtre.

Sa larve ronge le grain extérieurement, jusqu'à ce qu'elle ait acquis son complet développement.

La nymphose a lieu dans les crevasses des murs et des planchers.

Pour garantir le blé des ravages de cet ennemi, il faut avoir des murs et des planchers en parfait état; les parquets bituminés donnent à ce point de vue d'excellents résultats.

Les pelletages, criblages, ou bien encore le tue-teigne, sont également efficaces.

13. Conservation des grains en silos. — Après nous être longuement étendu sur la conservation des grains en greniers, cas le plus fréquent, il convient également de dire quelques mots sur la conservation des grains en silos, pratiquée encore dans certains pays chauds.

Les silos métalliques sont, de plus, d'un usage courant dans les grandes entreprises sur le commerce des grains, ou dans celles devant alimenter une nombreuse cavalerie.

L'ensilage des grains remonte à la plus haute

antiquité. Les Romains, les Maures, l'ont employé sur une large échelle. Les Arabes ont également recours à ce procédé, pour garder, pendant les périodes d'abondance, le grain qui servira à combler le déficit des mauvaises années.

Dans tous les pays à climat chaud, la conservation des grains par l'ensilage ne présente aucune difficulté. Ce système est pratiqué régulièrement en Afrique et en Espagne.

En France, la question de l'ensilage des grains a donné lieu à beaucoup de recherches.

C'est surtout Doyère qui, se basant à la fois sur la science et l'expérimentation, a indiqué les conditions à réaliser pour assurer la réussite de l'opération.

Aujourd'hui, les circonstances qui donnaient de l'importance à une longue conservation des grains n'existent plus. La facilité et la rapidité des communications, en même temps qu'elles ont nivelé les prix, ont empêché le retour des disettes, qui ont désolé tant de fois notre pays. Il en résulte, que dans les circonstances actuelles, on s'occupe peu de la longue conservation des grains, et ce n'est que dans des situations spéciales que les silos peuvent conserver leur importance.

Ces situations se rencontrent dans les docks, manutentions, etc., où l'emmagasinage d'une grande quantité de grains est une nécessité. Quelques-uns de ces établissements emploient des greniers dans lesquels le grain est continuellement aéré; d'autres ont recours à l'ensilage.

On peut, par l'un ou l'autre de ces procédés, obtenir la conservation des grains ; mais, l'ensilage présente de grands avantages, mis en évidence par Doyère d'abord, et, plus récemment, par M. Müntz.

Quand on envisage, en effet, les pertes que les grains conservés en greniers subissent, on voit qu'elles proviennent du frottement, de la combustion lente du carbone et des modifications chimiques [1].

Les pertes dues au frottement portent principalement sur la protéine, la cellulose brute et les matières minérales; elles ont atteint 2,75 % de la matière sèche dans une période de six mois.

Les pertes dues à la combustion du carbone

---

[1] Nous empruntons la plupart de ces renseignements à un excellent article de M. Berthault (*Dictionnaire de l'Agriculture* de Barral et Sagnier).

sont d'autant plus grandes que le renouvellement de l'air est plus intense, que la température est plus élevée, et que la graine est plus humide. La combustion semble s'attaquer principalement à l'amidon.

Les modifications chimiques se traduisent par une augmentation du sucre formé aux dépens de l'amidon et par une diminution de la matière grasse, résultat de la saponification qui élimine la glycérine.

Enfin, si l'on examine les dépenses d'installation, on trouve qu'elles sont notablement moins grandes avec les silos qu'avec les greniers. Pour la Cie des Omnibus, la dépense de construction, par hectolitre d'avoine logé, varie de 32fr,50 à 267fr,16 avec les greniers, et de 20fr,78 à 38fr,01 avec les silos.

L'emploi des silos permet donc une sérieuse diminution des dépenses afférentes au logement des grains ; de plus, il supprime les frais de pelletage et, par suite, évite la perte de poids provenant du frottement ou de l'action de l'air. Mais, pour que ces avantages soient obtenus, il faut que les grains et les silos réunissent certaines conditions.

Dès 1856, Doyère posait en fait que, pour des températures voisines de 15° et pour des froments dosant moins de 16 % d'humidité, il se produit dans les silos une simple fermentation alcoolique, limitée d'ailleurs par la quantité d'oxygène disponible.

Lorsque les froments contiennent plus de 16 % d'humidité, ils s'altèrent dans les silos et on observe des fermentations butyrique et lactique qui amènent l'altération du gluten et de l'amidon.

Aussi, en Égypte, en Afrique, où l'ensilage des grains est pratiqué, on les fait au préalable dessécher d'une façon parfaite, en les exposant au soleil ; ils ne contiennent alors guère que 12 à 13 % d'eau.

Les silos usités sont entièrement creusés en terre bien saine avec des parois absolument imperméables ; le silo rempli est bouché bien hermétiquement et recouvert par une certaine épaisseur de terre.

L'intérieur du silo est ordinairement formé par des murs en maçonnerie absolument étanches.

En tenant compte de ces diverses considérations, l'ensilage des grains donne une parfaite conservation.

Quant aux silos métalliques que nous avons signalés plus haut, ils assurent, il est vrai, une bonne conservation, mais ils ne présentent pas assez d'avantages pour qu'on puisse les conseiller aux agriculteurs. D'ailleurs, ils demandent des frais d'établissement que beaucoup d'entre eux ne pourraient supporter.

Pour nous résumer, nous dirons : que le procédé de conservation des grains en greniers est celui qui est le mieux à la portée de la plupart des cultivateurs, et c'est celui que nous leur recommandons de préférence. Exécuté avec les soins et les précautions indiqués, il donne d'ailleurs d'excellents résultats.

CONSERVATION DES GRAINES DE LÉGUMINEUSES FARINEUSES OU FOURRAGÈRES

14. — Les graines des légumineuses farineuses, telles que haricots, fèves, lentilles, peuvent être conservées, soit en cosses, soit égrenées.

Pour les haricots et les fèves notamment, la conservation en cosses est à conseiller. Il faut cependant avoir la précaution de bien les faire dessécher au préalable.

Le mieux, c'est de n'égrener qu'au fur et à mesure des besoins de la consommation ou de la vente, car la conservation en cosses est de beaucoup préférable.

En tout cas, si on les égrène, il faudra les placer dans des sacs, pour les soustraire à l'action de la poussière qui a l'inconvénient de les ternir et de modifier défavorablement leur couleur normale.

Mais, avant de les mettre en sacs, il sera bon de les exposer au soleil pendant quelques jours, afin qu'ils soient absolument secs. C'est une condition indispensable pour la conservation.

Il faut enfin que les locaux où cette dernière va se faire, soient très sains et bien aérés.

Quant à la conservation des graines des diverses légumineuses fourragères, telles que luzerne, trèfle, sainfoin, elle se fait d'une manière identique. Le mieux est également de conserver les graines dans leurs enveloppes, dans un local bien sain, et de n'exécuter le battage qu'au fur et à mesure des besoins.

Si l'on juge opportun de battre plus tôt, on étendra les graines dans un grenier, en couches très minces qu'on remuera très souvent pour empêcher qu'elles ne s'échauffent.

CONSERVATION DES GRAINES OLÉAGINEUSES

15. — Les plantes oléagineuses les plus cultivées en France, sont le colza, la navette et le pavot ou œillette.

Il importe, la récolte opérée, d'assurer, d'une façon parfaite, la conservation de leurs graines, dont l'altération se produit assez facilement.

Disons tout d'abord que la plupart des plantes oléagineuses, s'égrenant très facilement, on est obligé, le plus souvent, d'opérer le battage en plein champ.

En arrivant à la ferme, les graines doivent être déposées dans un grenier en couches très minces, de 5 à 6 centimètres seulement. On ne doit pas les réunir en couche plus épaisse, dans la crainte qu'elles ne s'échauffent et qu'elles ne perdent de leur qualité.

Lorsque les graines sont parfaitement sèches, on les soumet à l'action d'un crible, dans le but de les séparer des débris de feuilles, tiges, capsules, qui y sont toujours mêlés.

Si la graine doit être conservée en magasin pendant plusieurs mois, il faut de temps à autre, tous les quinze ou vingt jours par exemple, la soumettre à un tararage ou à un pelletage, afin d'empêcher les mites de l'attaquer et de s'y multiplier.

On a également proposé de laisser la graine dans des sacs, mais, lorsque les étés sont humides, la graine risque beaucoup plus de se détériorer en s'échauffant.

Or, les graines échauffées sont de beaucoup dépréciées, car elles donnent d'abord moins d'huile et de qualité inférieure ensuite.

CHAPITRE II

CONSERVATION DES TUBERCULES ET RACINES

Nous étudierons successivement dans ce chapitre la conservation des pommes de terre, des topinambours et des betteraves.

CONSERVATION DES POMMES DE TERRE

16. — Les pommes de terre, ne doivent être récoltées qu'à complète maturité, se produisant, en général, à la fin de septembre ou au commencement d'octobre, pour les variétés tardives, les seules sur lesquelles doit porter la conservation.

L'arrachage des tubercules doit être fait, le plus possible, par un temps sec et l'opération ne doit être commencée qu'après l'évaporation de la rosée. Il faut, en un mot, éviter la pluie, le brouillard et la rosée, afin de prévenir la pourriture des tubercules.

Au fur et à mesure de l'arrachage, on jette les pommes de terre sur le sol, où l'on doit les laisser quelques heures, pour qu'elles se ressuient bien. Après cela, on les ramasse, on les rentre sous un hangar et on ne les met en cave ou en silos qu'au bout d'une quinzaine de jours. C'est une bonne précaution pour assurer leur conservation ultérieure. On doit également, au préalable, les trier soigneusement et éliminer tous les tubercules qui ne sont pas parfaitement sains.

17. — Il convient maintenant de distinguer deux cas : celui où l'on a en vue la conservation des tubercules destinés à la plantation et celui qui a trait aux tubercules destinés à la consommation.

Dans le premier cas, il s'agit en somme de la préparation des tubercules. On peut employer le procédé bien connu, pratiqué par les maraîchers des environs de Paris, pour les variétés hâtives.

Il consiste à placer les tubercules debout, l'extrémité où se développent les principaux germes en haut, sur de petites clayettes en bois, munies de quatre pieds, hauts de quelques centimètres.

Ces clayettes, sont empilées les unes sur les autres, sans crainte d'abîmer les germes.

L'intervalle qui sépare les divers étages permet le libre accès de l'air et de la lumière. Les tubercules semences sont ainsi parfaitement conservés jusqu'à la plantation.

18. — Lorsqu'il s'agit, au contraire, de prévenir le développement des bourgeons latents, pour que les tubercules ne perdent pas leurs qualités alimentaires, on opère différemment.

Pour conserver les produits végétaux, il faut, ou supprimer entièrement l'air, qui est un des agents de la fermentation, ou empêcher la chaleur de se produire dans le tas, puisque la chaleur est une deuxième cause d'altération.

Supprimer l'air n'est pas possible : on y parvient très incomplètement en ensablant les produits, c'est-à-dire en formant des couches alternatives de sable et de tubercules. Mais, ce moyen ne peut être appliqué dans les opérations de grande culture; on n'en finirait pas, s'il fallait ensabler de grandes quantités de pommes de terre ou de racines; il faudrait, d'ailleurs, trop de place.

Il vaut donc mieux aérer les produits, y établir des courants d'air et empêcher, par là, que la température ne s'élève et ne les gâte.

Généralement, la conservation des pommes de terre, se fait très mal; on se contente de mettre à terre et contre les murs de la cave, quelques poignées de paille, de former un encadrement avec quelques planches et de déposer les tubercules en tas.

Cette manière de faire laisse beaucoup à désirer; l'aération du tas ne se produit pas, ou très insuffisamment; la température s'élève et la pourriture des tubercules ou une germination anticipée en sont la suite forcée.

Pour faciliter l'aération, il sera indispensable de ménager dans le tas des cheminées d'appel, formées tout simplement par un fagot de gros bois, autour duquel on entasse les tubercules. Dans le même but, on devra déposer ces derniers sur des claies, afin qu'ils ne reposent pas directement sur le sol.

Les baies de la cave devront enfin être ouvertes de temps à autre, pour que le tas s'aère le plus possible; cette condition étant, en effet, d'une très grande importance, relativement à la conservation.

Lorsqu'on a des quantités importantes de tubercules, comme cela arrive dans les grandes fermes du Nord de la France, qui alimentent soit des féculeries ou des distilleries, le mode de conservation que nous venons d'exposer demanderait des locaux très vastes et dispendieux. Le mieux, dans ce cas, consiste alors à recourir à l'ensilage, qui, bien exécuté, donne de bons résultats.

Nous nous y étendrons, en étudiant la conservation des betteraves, pour lesquelles l'ensilage est employé le plus souvent.

19. Procédé de conservation de M. Schribaux. — Nous ne pouvons passer sous silence le procédé qu'a préconisé, il y a quelques années, M. Schribaux, professeur à l'Institut agronomique. Voici, d'ailleurs, ce qu'en dit l'auteur :

« Pour empêcher les pommes de terre de germer, le moyen le plus simple consiste à enlever les bourgeons, avec un couteau. Cette opération se pratiquant à la main, est malheureusement trop longue et, pour détruire les bourgeons, mieux vaut tremper les tubercules dans une solution d'acide sulfurique à 1 ou 2 %; 1 %, pour les variétés potagères, à peau mince, telles que la hollande, la saucisse; 2 % pour les variétés fourragères, à peau épaisse, telle que la richter-imperator.

« La préparation de la solution s'obtient très facilement en versant dans un tonneau 100 litres d'eau, puis un ou deux litres d'acide sulfurique du commerce, marquant 66° Baumé.

« Il faut avoir bien soin de ne jamais opérer inversement, c'est-à-dire verser l'eau sur l'acide, car il en résulterait des projections dangereuses.

« Après le trempage des tubercules dans la solution ainsi préparée, on les lave à grande eau, puis on les fait sécher. La conservation s'effectue ensuite dans un endroit aéré et non humide, dans un grenier par exemple.

« Il ne pénètre pas d'acide dans l'intérieur du tubercule; la valeur alimentaire de celui-ci reste donc ce qu'elle était avant le traitement. Le lavage à l'eau a d'ailleurs emporté l'acide qui imprégnait la surface des pommes de terre, de sorte qu'on peut également les faire consommer sans crainte aux animaux.

« J'ai dit que la concentration de la solution acide ne devait pas être uniforme; suivant les variétés et aussi suivant la saison à laquelle on opère, la peau du tubercule offre une résistance plus ou moins grande, à la pénétration de l'acide. Avant de traiter de grandes quantités, il convient d'opérer tout d'abord sur une vingtaine de pommes de terre, afin de déterminer la dose exacte d'acide à employer. »

Ce procédé est certainement efficace, comme l'a constaté maintes fois M. Schribaux, et peut être avantageusement employé dans les grandes exploitations.

Malheureusement, cette méthode est assez délicate. Le maniement de l'acide sulfurique est un obstacle à son extension, car ce corps est dangereux à manipuler et demande à être employé avec mille précautions. D'un autre côté, si on dépasse, tant soit peu, les doses nécessaires, on risque de compromettre sa récolte.

En somme, les procédés de conservation en cave ou en silos sont ceux dont l'application rationnelle donne les meilleurs résultats et nous les recommandons de préférence.

CONSERVATION DES TOPINAMBOURS

20. — La culture du topinambour prend chez nous une extension de plus en plus grande. Les qualités de ce tubercule, tant au point de l'alimentation des animaux, que pour son utilisation en distillerie, ont été reconnues par les savants les plus autorisés.

Il s'adapte, de plus, aux sols médiocres sur lesquels la betterave et la pomme de terre ne donneraient que de maigres rendements.

Le plus grand obstacle à la propagation du topinambour a toujours été, concurremment avec les difficultés d'arrachage, celle de la conservation.

Hors terre, depuis quelques jours, les tubercules perdent par évaporation une grande partie de leur eau de végétation ; ils se rident, sont moins bien acceptés des animaux et perdent, au point de vue industriel, une notable partie de leur valeur.

Pour parer à cette difficulté de conservation et à la nécessité d'arrachages fréquents, bien des procédés ont été employés. Un seul a paru réussir, il est simple, peu coûteux et mérite d'être propagé.

Il consiste, après avoir coupé les fanes, à une hauteur de $0^m,20$ ou $0^m,30$, à arracher à la main le pied du topinambour tout entier, en laissant adhérer aux tubercules, presque tous serrés autour de la tige, le plus de terre possible.

On met immédiatement les pieds récoltés dans une charrette, pour éviter de les laisser trop longtemps au grand air et on les transporte aux environs de la ferme, contre un mur, dans un angle ou même à plat sur le sol, mais toujours à l'extérieur.

Le tas une fois terminé, en évitant toujours, autant que possible, de séparer les tubercules du pied, on les recouvre sommairement de terre et on termine en plaçant des fagots ou des fanes sur le tas.

La couche de terre n'a pas besoin d'être épaisse ; son but étant uniquement d'empêcher la dessiccation et non d'éviter la gelée. Le topinambour, si délicat au point de vue du dessèchement, jouit en effet, vis-à-vis de la gelée, d'une immunité spéciale. En terre, il dégèle, regèle et dégèle à nouveau, plusieurs fois par hiver, sans aucun inconvénient.

Il en est de même lorsqu'il est en tas et, pour ce motif, il est préférable d'opérer la conservation au dehors, que dans une grange, cave ou sous un hangar, où il peut se produire, bien plus facilement, un dessèchement nuisible.

L'ensilage des topinambours ne donne également pas d'aussi bons résultats que celui des pommes de terre ou betteraves ; il est préférable de s'en tenir à la méthode indiquée, qui a le grand avantage d'être économique.

Ajoutons, que très souvent les topinambours sont laissés dans le sol, où comme nous l'avons dit, ils résistent parfaitement aux froids de l'hiver. L'arrachage est alors fait au fur et à mesure des besoins ; mais, ce procédé a l'inconvénient de nécessiter le déplacement de la ferme au lieu où se trouvent les tubercules, ce qui occasionne des pertes de temps inutiles.

CONSERVATION DES BETTERAVES

21. — La méthode de conservation, généralement appliquée aux betteraves, est celle qui consiste à les ensiler.

Dans le cas seulement où l'agriculteur n'aura qu'une quantité très minime de ces racines, il pourra se dispenser de l'ensilage et en opérer la conservation comme pour les pommes de terre, dans les caves ou celliers, à la condition que ces locaux ne soient pas humides.

On devra prendre les mêmes précautions que celles indiquées plus haut pour faciliter l'aération du tas.

Lorsque le cultivateur possède au contraire

des quantités importantes de racines, il ne faut pas songer à les conserver dans des locaux, car il faudrait disposer d'une place considérable.

Le mieux est alors de recourir à l'ensilage et de se conformer aux prescriptions que nous allons indiquer.

22. — *L'ensilage des betteraves* est une des opérations les plus simples, parmi celles qu'on exécute à la ferme.

On adopte tantôt les silos permanents, tantôt les silos temporaires.

Les premiers se composent quelquefois d'excavations creusées entièrement dans des roches tendres et disposées de façon à soustraire les racines qu'on empile à l'intérieur à l'action du froid et de l'humidité.

Des ouvertures ménagées en différents points doivent permettre une aération suffisante.

Les silos temporaires, auxquels on a recours en l'absence de toute construction spéciale, sont établis tantôt sur les champs eux-mêmes, tantôt à proximité des bâtiments de la ferme.

Leurs formes et leurs dimensions varient beaucoup.

Un très bon modèle de silos temporaires, est celui qui est employé à l'École Nationale d'agriculture de Montpellier, pour la conservation des betteraves de la ferme.

L'emplacement est tout d'abord choisi sur un terrain très sain, s'égouttant facilement.

Les racines sont empilées les unes sur les autres, les collets en dehors, de manière à obtenir un tas à section triangulaire.

A mesure que le tas avance, on le recouvre de paille, sur laquelle on accumule la terre provenant de l'ouverture de deux fossés latéraux destinés à l'écoulement des eaux.

Suivant les circonstances, la terre est disposée sur une épaisseur qui varie de $0^m,25$ à $0^m,45$; elle doit être battue à la pelle, afin que les eaux pluviales ne puissent la traverser.

Pendant la construction du silo, on ménage, tous les trois à quatre mètres, des cheminées et des soupiraux, qui ont pour but d'assurer l'aération des racines. Les cheminées sont formées le plus souvent de trois ou quatre planchettes assemblées et percées de trous ; elles sont placées verticalement. Les soupiraux sont disposés horizontalement, à la base du tas. Les briques creuses peuvent remplacer les planchettes.

Dans les terrains très perméables et sous les climats rudes, il peut être avantageux de mettre une partie de la récolte au-dessous du sol.

Mathieu de Dombasle préconisait les silos munis d'un déblai de 0m,30 à 0m,40.

Ces diverses manières d'opérer permettent une bonne conservation des racines fourragères, dans les silos à petite section, tels qu'on les fait ordinairement dans les fermes.

Dans les établissements industriels où l'on traite une grande quantité de betteraves à sucre, on a l'habitude de les accumuler en gros tas. La conservation exige alors des soins spéciaux.

La betterave à sucre s'altère, en effet, très facilement et les pertes qui en résultent peuvent être considérables. En admettant que le déficit ne porte que sur la moitié de la récolte, qui est pour la France de plus de 7 milliards de kilogrammes, et en fixant le déficit à 2 % seulement, on trouve que 70 000 tonnes de sucre sont ainsi perdues annuellement.

Les remarquables travaux de l'illustre Pasteur ont établi que les betteraves, placées dans une atmosphère d'acide carbonique et d'azote, sont rapidement atteintes par les fermentations lactique et visqueuse.

Une partie du sucre sert à alimenter le phénomène et disparaît; ce qui reste devient peu à peu incristallisable. Le jus altéré présente dans sa masse des ferments lactiques et visqueux, souvent aussi des vibrions de la putréfaction et de la fermentation butyrique.

Or, ces fâcheux phénomènes se produisent chaque fois que les racines sont entassées en silos, dans une atmosphère confinée ; elles continuent à végéter pour ainsi dire et il y a production de chaleur et dégagement d'acide carbonique.

M. Vivien a constaté, en 1867 et 1868, que des betteraves dosant à la récolte 11,52 % de sucre, n'en contenaient plus que 7,70 %, après cent jours d'ensilage, et le sucre extractible n'était plus que de 5,20 %, soit 45 % de la quantité de sucre initial.

Il importe donc de renouveler l'air des silos, de façon à chasser l'acide carbonique et à maintenir la température au-dessous de 6 à 7°.

Pendant les hivers froids, la conservation en silos est facile, attendu que la température intérieure reste voisine de 0°, ce qui est une circonstance favorable, par suite du ralentissement de la respiration qui en est la conséquence.

Pendant les périodes de temps doux et humide, il devient au contraire difficile d'empêcher l'échauffement dans les grandes masses et l'on est quelquefois obligé de démolir les silos, pour les reformer ensuite.

C'est pourquoi, la préférence doit toujours être donnée aux petits silos, dans lesquels l'aération se fait bien mieux.

Quant aux betteraves destinées à être ensilées, il est nécessaire qu'elles soient exemptes de blessures, en dehors de celle qui résulte du décolletage. Il faut, de plus, autant que possible, qu'elles soient ensilées fraîches, c'est-à-dire avant d'avoir perdu par l'exposition à l'air une partie de leur humidité.

En Allemagne, on attache beaucoup d'importance à cette considération; dans ce but, on construit aussitôt après l'arrachage, sur le bord du champ, des petits silos que l'on recouvre immédiatement de terre. La mise définitive en silos n'a lieu qu'après l'arrachage complet de la récolte.

La durée de la conservation, dans un ensilage bien fait, peut facilement se prolonger durant six ou sept mois.

CHAPITRE III

CONSERVATION DES LÉGUMES

23. — Que l'agriculteur se livre à la culture maraîchère pour la vente ou pour sa consommation seulement, il est important qu'il puisse opérer la conservation des divers légumes, afin de satisfaire le plus longtemps possible aux exigences de la vente ou de la nourriture de son personnel.

Nous allons examiner les meilleurs procédés de conservation à appliquer aux différents légumes les plus répandus à la ferme.

Nous diviserons ce chapitre en deux parties :

1° légumes racines (carottes, raves, navets, etc.);

2° légumes non racines (choux, poireaux, céleri, etc.),

CONSERVATION DES LÉGUMES RACINES

Les racines potagères les plus répandues, sont : les carottes, raves, navets, rutabagas, choux-raves et céleris-raves.

24. Conservation des carottes. — La quantité de ces racines est, en général, assez limitée : le plus souvent, en effet, ces produits ne sont cultivés qu'en vue de la consommation du ménage. Aussi, la conservation s'en fait généralement en cave. On les y dispose à la manière des bois de corde, sur deux rangs, les collets en dehors et l'extrémité des racines en dedans, en ayant soin de ne pas les adosser aux murs. Chaque fois que la température n'est pas trop basse, on débouche les ouvertures de la cave, afin d'aérer.

Bien souvent, on se contente d'entasser les carottes pêle-mêle dans un coin de la cave, sans prendre aucune précaution ; dans de telles conditions, elles s'échauffent vite et pourrissent vite également.

Dans le cas où ces racines sont l'objet d'une grande culture, et que les locaux dont on dispose pour la conservation sont insuffisants, on doit recourir à l'ensilage, opéré de la même façon que pour les betteraves.

25. Conservation des raves et navets. — Les raves et les navets ne se conservent bien que lorsqu'ils ont été déposés par un beau temps, dans un local sain. On les y arrange de la même manière que les carottes.

A défaut de place dans les bâtiments, on peut les amonceler en forme de prisme de 1,30 de hauteur et 1,60 de base ; on les recouvre ensuite d'une forte couche de paille ou de terre, pour les préserver de l'action du froid.

Dans l'Ouest de la France, on ménage souvent une cavité à l'intérieur des meules de paille ; c'est dans cet espace vide que l'on conserve les navets durant l'hiver.

En Alsace, on creuse dans le sol des trous de $0^m,50$ de profondeur ; on y place les racines en tas pyramidal le plus souvent. Après les avoir enveloppées d'une couche de paille, on les recouvre d'environ $0^m,33$ de terre bien tassée. On a soin de ménager une ouverture que l'on bouche par les temps froids et qui est destinée à aérer le silo.

26. Conservation des rutabagas. — Elle doit se faire de préférence dans les caves et les celliers ; l'ensilage ne réussit pas très bien avec cette racine.

Dans les départements maritimes de l'Ouest de la France, la grande rusticité des rutabagas permet de les laisser en terre pendant l'hiver ; on ne fait alors que leur donner un bon buttage. Ce procédé de conservation ne peut être appliqué dans les contrées froides.

Quant à la conservation des choux-raves, céleris-raves et autres racines semblables, elle se fait généralement dans les caves, celliers ou locaux de ce genre en les mettant en tas ou en les stratifiant dans du sable bien sec.

CONSERVATION DES LÉGUMES NON-RACINES

27. Conservation des choux. Le chou est un légume d'une réelle importance pour le cultivateur ; sa conservation est relativement facile, mais demande néanmoins certains soins particuliers, pour qu'elle soit de longue durée.

Les choux, généralement arrachés en novembre, sont tout d'abord débarrassés des feuilles pourries ou jaunes qu'ils pourraient avoir. Cela étant fait, on établit, dans le potager de préférence, ou tout au *moins près de la ferme*, une tranchée assez profonde, orientée de l'ouest à l'est.

On y place une première rangée de choux, de telle façon qu'une partie de la tête soit enterrée ; puis, on ouvrira une deuxième tranchée dont la terre servira à combler la première. On continuera *ainsi* jusqu'à épuisement complet de la récolte. Les choux ainsi disposés, sont abrités durant les périodes de froids par une couche de paille ou avec divers résidus végétaux, qu'on trouve toujours dans les jardins.

En laissant libres les extrémités de cette sorte de *silo*, l'aération se produira suffisamment et les choux ne seront pas exposés à *pourrir*.

Un autre moyen, également pratique, peut aussi être employé. Il consiste à planter les choux près à près, le long d'un mur et au nord.

On enterre les pieds seulement ; les têtes sont recouvertes avec des paillis.

On peut encore ranger les choux dans des petites tranchées, la pomme en bas et les racines en l'air. Les tranchées sont comblées avec de la terre.

Ce dernier procédé ne peut être employé que dans les sols légers, perméables, où l'égouttement des eaux est rapide.

Pour conserver les choux-fleurs, brocolis, on les dépouille de toutes leurs grandes feuilles et on les pend, la tête en bas, dans une cave saine ou dans un cellier. Là, ils se dessèchent, mais, il suffit de mettre le pied dans l'eau, sans en mouiller la tête, la veille où l'on veut les vendre ou les consommer, pour qu'ils reprennent leur volume primitif et une apparence de fraîcheur.

Pour faciliter la conservation, il faut aérer le plus possible, tant que les gelées ne sont pas à craindre.

Il faut enfin les visiter souvent, afin de supprimer les parties altérées des petites feuilles qui enveloppent la tête. C'est par ce procédé que les maraîchers de Paris conservent leurs choux-fleurs, de novembre jusqu'en avril.

28. Conservation du céleri et des poireaux. La conservation de ces légumes, s'opère généralement en cave ou en cellier.

On les dispose dans du sable, en les rangeant côte à côte et en ayant soin de les butter jusqu'aux trois quarts de leur hauteur.

On peut encore opérer comme suit : ouvrir une tranchée oblique, à la bêche, autant que possible le long d'un mur ou d'un abri et au nord de préférence.

Les céleris et les poireaux y sont placés, pressés les uns contre les autres. Chaque rang est recouvert d'une petite couche de terre, de manière à les butter et les préserver du froid.

29. Conservation des oignons. — Vers la fin du mois d'août ou dans le courant de septembre, les feuilles de l'oignon se dessèchent et les bulbes sont bons à être récoltés. Au fur et à mesure de l'arrachage, les oignons sont déposés sur le sol, de façon à y faire de longues traînées. Si le temps est beau, et l'on devra, s'il est possible, le choisir tel pour la récolte, on laissera les bulbes se ressuyer deux ou trois jours sur la terre, après quoi ils seront rentrés.

Le plus généralement, on réunit les feuilles sèches pour en faire, soit des bottes, soit des chapelets que l'on obtient en tressant les feuilles entre elles. Ces chapelets sont ensuite suspendus dans les greniers.

Ce procédé de conservation est des plus recommandables.

On peut aussi couper les feuilles adhérentes et rentrer les oignons dans un local bien sec et les étaler en couches minces sur l'aire.

On doit se garder d'enlever les pelures sèches qui recouvrent les bulbes, leur présence contribuant pour beaucoup à une longue conservation.

Les oignons craignent peu le froid et une température de 3 ou 4° ne leur fait perdre aucune de leurs qualités. Seulement, si la gelée ne leur nuit que très peu, il faut se garder de les manipuler, lorsque leur eau de constitution est congelée, car on les ferait pourrir.

Mieux vaut les laisser : ils dégèlent sans en souffrir.

Pendant les grands froids, il est cependant prudent de les couvrir d'une épaisse couche de paille, que l'on enlève dès que la température s'adoucit.

Dans les environs de Paris, où la culture de l'oignon se fait très en grand, tant pour l'approvisionnement des marchés de la ville, que pour l'exportation vers les pays voisins, on opère la conservation des oignons en meules.

Ces dernières sont établies, en disposant sur le sol un plancher posé sur des traverses ; les côtés sont tout simplement faits en clayonnages de branches. On a soin de ménager pendant la confection de la meule quelques cheminées d'appel qui empêchent l'échauffement de la masse.

Par la mise en meules, les oignons se conservent parfaitement jusqu'en mars et avril.

30. Conservation des échalottes, aulx. — Les bulbes sont également arrachés à maturité, c'est-à-dire lorsque les feuilles se dessèchent.

Après leur arrachage, on les laisse pendant deux ou trois jours sur le sol ; on les rentre ensuite au grenier ou mieux à la cuisine, c'est-à-dire, en lieu chaud. La conservation se fait très bien d'une année à l'autre.

31. Conservation des asperges. — Le procédé le plus anciennement connu pour la conservation des asperges, est le procédé Pleifer.

Il consiste à couper tout d'abord les asperges à la base en ayant soin de faire une coupe bien nette. La surface de cette dernière est ensuite mise en contact avec un fer rouge, de manière à la griller.

Cette opération faite, on prend les asperges une à une et on les enveloppe dans du papier très fin ; du papier de soie convient très bien à cet usage. On choisit ensuite une caisse de bois, solide, dont on garnit le fond avec du poussier de charbon de bois.

Les asperges y sont placées au-dessus et on continue à faire des lits alternatifs d'asperges et de poussier de charbon. Pour éviter toute cause d'altération, on doit avoir bien soin d'isoler chaque asperge. La caisse étant remplie, on la clôt bien hermétiquement ; il est même utile de boucher les interstices des planches, en y collant des bandes de papier.

Dans les petites exploitations, on peut employer un autre procédé de conservation, également très pratique et à la portée de toutes les ménagères. Nous le décrirons dans le dernier chapitre, relatif aux conserves alimentaires susceptibles d'être pratiquées à la ferme.

32. Conservation des légumes par dessiccation. — L'usage des légumes desséchés s'est beaucoup répandu, durant ces dernières années, principalement en Allemagne. Les légumes ainsi conservés ont été bien accueillis des consommateurs et sont complètement rentrés dans les usages domestiques.

Les légumes desséchés sont très appréciés : ils en permettent la consommation, au cœur de l'hiver, à l'approche du printemps, alors qu'il est très difficile de s'en procurer de frais.

Ils sont de plus très avantageux : ils sont faciles à conserver et peu encombrants. De plus, bien desséchés, ils conservent, d'une manière parfaite, le goût, la saveur et les propriétés nutritives des légumes frais.

Mais, la dessiccation des légumes faite en grand, comme en Allemagne, est plutôt du ressort de l'industriel que de l'agriculteur, car il faut en effet un outillage spécial : chaudières, évaporateurs, etc.

Néanmoins, le séchage des légumes peut être opéré en petit à la ferme ; nous décrirons le mode de préparation des conserves des principaux légumes, dans le Chap. VII, spécial aux conserves alimentaires.

CHAPITRE IV

CONSERVATION DES FRUITS DIVERS

33. — Depuis vingt-cinq ou trente ans, la culture fruitière est sensiblement stationnaire chez nous, à l'inverse de ce qui se passe ailleurs, en Amérique notamment. Le fait est certainement regrettable, car faite rationnellement et bien conduite, cette culture peut procurer de précieuses ressources.

Voir et rechercher les causes de cette stagnation, serait sortir du cadre de notre ouvrage ; aussi nous n'essayerons pas de le faire.

Quant aux procédés de conservation des divers fruits, ils ont certainement fait des progrès. Les soins à donner sont mieux compris et les méthodes, pratiquées actuellement, donnent de bons résultats.

34. Conservation des pommes et des poires. — La conservation des pommes et des poires se fait de la même manière et dans le même local, le *fruitier*.

Nous devons cependant dire que les poires sont d'une conservation plus difficile que les pommes, aussi faut-il redoubler de précautions dans la cueillette.

Quelques mots tout d'abord, sur cette dernière, qui influe énormément sur la conservation ultérieure, tant par l'époque à laquelle elle est opérée, que par la manière dont elle est pratiquée.

Le moment précis de la cueillette, varie évidemment suivant les variétés. Celles qui mûrissent en automne ou en été, doivent être cueillies huit à douze jours avant qu'elles se détachent d'elles-mêmes des arbres. Ces fruits renferment en ce moment les éléments nécessaires pour accomplir leur maturation, car celle-ci n'est plus alors, en somme, qu'une réaction chimique, indépendante de toute action physiologique. En les cueillant à cette époque, on les prive de sève, on les oblige ainsi à élaborer plus complètement celle que contiennent leurs tissus et ils sont plus savoureux.

On s'accorde à reconnaître qu'un fruit est à point, quand, en le soulevant avec la main, le pédoncule se détache facilement de la bourse ou renflement auquel il est attaché ; la teinte jaune que prend le côté opposé au soleil, indique également le moment propice de la récolte.

Les fruits qui ne mûrissent qu'en hiver, et qui constituent les fruits de garde proprement dits, doivent être cueillis lorsqu'ils ont acquis tout leur développement et aussitôt la fin de la végétation, c'est-à-dire de la fin septembre à la fin octobre, suivant les variétés, les années et le climat. L'expérience a démontré que ces fruits laissés sur l'arbre après leur croissance, se conservaient ensuite moins facilement ; ils deviennent d'ailleurs moins parfumés, sont plus aqueux par suite de la température assez basse qui règne à cette époque et qui ne permet plus une élaboration suffisante des principes qui arrivent dans le fruit. De même, si on les récolte avant leur complet développement, ils se rident et mûrissent très difficilement.

En tout cas, la cueillette doit se faire autant que possible par un temps sec, après la rosée, de dix heures du matin à quatre heures du soir de préférence. Les fruits sont alors chargés d'une moins grande quantité d'humidité, leur saveur est plus prononcée et la conservation se fait bien mieux.

Cette règle est d'ailleurs générale et s'applique à tous les fruits.

Le meilleur procédé de cueillette consiste à détacher les fruits un à un et à les déposer délicatement dans un panier à rebords peu élevés et garni de foin ou de feuilles. Les paniers élevés ont l'inconvénient de fatiguer les fruits posés dans le fond.

On doit tâcher de ne faire éprouver aucune pression aux fruits, car chacune des foulures détermine une tache brune qui provoque, tôt ou tard, la pourriture du fruit.

Pour les fruits placés au sommet des arbres, hors de la portée de la main, le mieux est de se servir d'une échelle, permettant de les atteindre. On a bien proposé divers systèmes de *cueilloirs*, permettant de les récolter sans le secours d'une échelle, mais ils présentent d'assez sérieux inconvénients, tant au point de vue de la lenteur du travail que de sa perfection.

Les fruits sont, en effet, toujours plus ou moins meurtris, et ne peuvent être conservés aussi longtemps, que si on les avait cueillis à la main.

Il peut arriver que l'on soit obligé d'opérer la cueillette par un temps pluvieux.

Il faut bien se garder, dans ce cas, de les

essuyer, sinon on leur enlèverait la *fleur* qui contribue beaucoup à leur beauté et à leur conservation.

On devra tout simplement les étendre en lieu sec, sur de la paille, et côte à côte jusqu'à ce qu'ils soient bien ressuyés. On peut ensuite les porter au fruitier en toute sécurité.

35. Installation d'un bon fruitier. — Un fruitier bien établi doit remplir les conditions suivantes :

1° Offrir une température toujours égale, car les changements de température sont nuisibles à une bonne conservation. Ils ont en effet, une influence sur le suc des fruits, et peuvent successivement accélérer ou ralentir la fermentation et modifier l'organisation intérieure.

2° Cette température doit se maintenir entre 8 et 10° centigrades ; plus élevée, elle accélérerait la maturation ; plus basse, à 2 ou 3°, celle-ci serait nulle. Dans ce cas, il serait nécessaire, au moment de la vente ou de la consommation des fruits, de les exposer, pendant un temps plus ou moins long, à une température plus élevée, afin qu'ils mûrissent. Et encore, la qualité du fruit se trouve toujours plus ou moins altérée.

3° Le fruitier doit être privé de lumière; cette dernière hâte, en effet, la maturation, en facilitant les phénomèmes chimiques qui la produisent.

4° Il est utile de conserver dans l'atmosphère du fruitier, tout l'acide carbonique dégagé par les fruits, ce gaz concourant à leur bonne garde.

5° L'atmosphère doit être plutôt sèche qu'humide. Il ne faudrait cependant pas que le fruitier soit complètement sec, sinon les fruits perdraient leur eau, se rideraient et ne mûriraient qu'imparfaitement.

6° Enfin, les fruits doivent être placés de manière à ce qu'ils exercent le moins possible de pression entre eux.

Ces diverses conditions ne peuvent toutes être réunies, que par la construction d'un fruitier spécial, dépense qui ne pourra être faite, le plus souvent, que par les agriculteurs qui se livrent presque exclusivement à la culture fruitière.

Pour la grande partie des cultivateurs, le fruitier est une pièce de la maison, cave ou cellier, affectée à cet usage. Elle doit cependant être bien saine, non humide, froide, de préférence exposée au nord, avec des ouvertures à volets pleins et double porte autant que possible.

Par les temps de gelée, on abrite les fenêtres avec des paillassons, paille, afin de préserver les fruits du froid.

Ce qui importe surtout, c'est de maintenir une température basse, variant le moins possible, afin de soustraire les fruits aux fermentations qui hâtent défavorablement la maturité.

L'aménagement du fruitier consiste en tablettes de bois blanc ou de sapin, superposées à 0,25 ou 0,30 les unes des autres.

Une propreté parfaite doit enfin régner dans le fruitier ; une surveillance active devra être exercée, afin d'éliminer soigneusement les fruits qui se gâtent.

36. Soins à donner aux fruits durant leur conservation. — Des soins accordés aux fruits durant leur conservation, dépend aussi beaucoup cette dernière.

Au fur et à mesure de leur arrivée au fruitier, les fruits sont déposés sur une table, recouverte d'une petite couche de mousse ou de paille bien sèche.

Là, on les trie, on met à part chaque variété et on sépare soigneusement les fruits tachés, véreux ou meurtris, qui ne se conserveraient pas. On laisse ensuite les fruits sur la table, pendant trois ou quatre jours, afin de leur laisser perdre une partie de leur humidité.

Au bout de ce temps, on les range, en ayant soin de laisser entre eux un petit espace d'environ 1 centimètre.

Lorsque les fruits sont ainsi arrangés, on laisse les portes et les fenêtres du fruitier ouvertes pendant le jour, à moins qu'il fasse un temps humide, et cela, pendant une semaine environ, afin d'enlever l'humidité surabondante que renferment les fruits. Ceci étant fait, on ferme hermétiquement toutes les issues et les portes ne sont plus ouvertes que pour le service intérieur du fruitier.

Il est enfin important que les fruits ne restent pas au contact de l'humidité qu'ils produisent ; pour cela, on peut déterminer des courants d'air plus ou moins intenses. Mais, ce procédé a de nombreux inconvénients qui doivent absolument le faire abandonner. Tout d'abord, on produit forcément par ce moyen un changement de température, toujours nuisible comme nous l'avons vu ; puis, les fruits étant momentanément éclairés, leur maturité est hâtée. De plus, ce procédé ne peut être pratiqué que lorsque la température extérieure n'est pas au-dessous de zéro et que le temps est sec. Or, comme en hiver le contraire a presque toujours lieu, on se trouve donc dans l'obligation de ne pouvoir aérer et de laisser les fruits en contact avec l'air humide du fruitier.

Pour remédier à tous ces inconvénients, il n'y a qu'à employer le chlorure de calcium, d'un prix très bas et ayant la propriété d'absorber très facilement l'humidité atmosphérique.

La chaux vive présente bien aussi la même faculté, mais à un degré moindre; elle a de plus l'inconvénient de se combiner avec l'acide carbonique dégagé par les fruits et qui, comme nous l'avons vu, est utile pour leur conservation.

Pour employer le chlorure de calcium, on peut le disposer sur des entonnoirs en verre, reposant sur des flacons quelconques, afin qu'au fur et à mesure de sa déliquescence, le sel s'écoule dans le récipient.

M. Dubreuil préconise pour cet usage une sorte de caisse en bois, doublée de plomb dans son intérieur et déposée sur une table ou sur des supports, en ayant soin de lui donner une certaine pente, dans le sens de la longueur. Une petite ouverture, percée au milieu du côté le plus bas, est destinée à livrer passage au chlorure de calcium liquéfié. Un récipient placé au-dessous de l'ouverture est destiné à le recevoir.

Le fruitier doit être visité très souvent afin d'enlever les fruits qui commencent à se gâter et mettre à part ceux qui sont mûrs. On examinera également si l'épiderme des fruits est bien distendu ; dans ce cas, on renouvellera le chlorure de calcium, s'il est complètement liquéfié. Si, au contraire, les fruits se rident, c'est que l'atmosphère devient trop sèche, on enlève alors le chlorure, pendant quelque temps.

37. Conservation des prunes. Pruneaux. — Les prunes peuvent se conserver, soit confites dans l'eau-de-vie, sirop de sucre, etc. ; mais le procédé employé en grand consiste à recourir à la dessication, pour les convertir en pruneaux.

Ces derniers donnent lieu, dans plusieurs de nos départements : Lot, Lot-et-Garonne, Var, Bassses-Alpes, Indre-et-Loire notamment, à des transactions commerciales importantes. Dans l'Agenais, la préparation des pruneaux se fait de la manière suivante :

Les prunes bien mûres sont rangées sur des claies d'osier et exposées au soleil. On les retourne plusieurs fois, afin d'en présenter successivement toutes les faces à l'action du soleil, qui leur enlève ainsi une partie de leur humidité et les empêche de se déchirer à la cuisson.

Cette dernière s'effectue généralement dans les fours à cuire le pain ; pour la cuisson, les prunes sont laissées sur les claies où elles ont tout d'abord été disposées. L'opération se fait ordinairement en trois fois : pour la première, la température varie entre 80 et 90°, pour la deuxième, de 100 à 110° et enfin pour la troisième, la chaleur atteint jusqu'à 125°.

Après chaque passage au four, les prunes sont exposées à l'air pour qu'elles se refroidissent et ce n'est qu'après le refroidissement complet, qu'on les retourne sur la claie.

L'opération est terminée lorsque les prunes, tout en résistant à une certaine pression des doigts, conservent cependant encore une certaine élasticité.

Aujourd'hui, la cuisson se fait plutôt avec des étuves spéciales qu'avec les fours ordinaires ; la chaleur se règle bien mieux et la dessiccation est plus rapide.

Dans la Touraine, on opère à peu près d'une façon identique.

Dans le Var, on opère différemment. Les

prunes placées dans un panier sont plongées dans l'eau bouillante, où on les maintient, jusqu'à ce que l'eau reprenne son bouillon, après quoi, on les retire, on les égoutte et on les agite jusqu'à refroidissement. On les place ensuite sur des claies, sous des hangars couverts, et quand elles approchent du degré de siccité, on les transporte au soleil pour l'achever entièrement. Les pruneaux fleuris du Var sont préparés de cette manière.

Les pistoles des Basses-Alpes, très réputées également, sont obtenues comme suit :

Les fruits sont récoltés au soleil, afin d'être bien secs. Le lendemain les femmes les pèlent à l'ongle et les enfilent sur de petites baguettes. On fiche ces dernières dans un faisceau de paille serrée qu'on suspend à une traverse. Les prunes restent ainsi exposées au soleil, durant quatre ou cinq jours. Chaque soir, on a la précaution de les mettre bien au sec; il en est de même s'il pleut.

Lorsque les prunes se détachent facilement des baguettes, on les défile et l'on en fait sortir le noyau.

On les aplatit ensuite et on les place sur des claies, que l'on expose au soleil jusqu'à dessiccation complète.

Conservation des pêches et des abricots. — Ces fruits ne sont pas susceptibles d'être conservés à l'état frais, même pendant quelques jours. Quelques variétés de pêches, cependant, telles que les pavies et les brugnons, sont meilleures lorsqu'on les a laissées une huitaine de jours au fruitier.

Dans certaines régions méridionales, la conservation par dessiccation est opérée de la même manière que pour les prunes. Seulement, pour faciliter l'opération, on a la précaution de les diviser par quartiers et d'enlever en même temps le noyau.

Les abricots sont enfin très souvent conservés confits dans le sucre.

Pour la cueillette de ces fruits très délicats, on doit encore redoubler de soins, car la moindre pression des doigts fait tache.

38. Conservation des raisins. — Les grappes destinées à la conservation, auront été ciselées, éclaircies, durant la végétation. La cueillette doit également être faite soigneusement et à maturité complète.

A Thomery, où la culture du raisin de table est faite en grand, la conservation est opérée de la manière suivante :

On choisit les grappes placées au sommet des murs, exposés au levant; ces raisins sont moins aqueux et craignent par conséquent moins le froid. En les abritant avec des paillassons, on arrive ainsi à les conserver jusqu'à la Noël.

Pour opérer la conservation au-delà de cette époque, on a recours à deux procédés :

1° Conservation des raisins à rafle sèche.

2° " " à rafle verte.

39. Conservation des raisins à rafle sèche. — Cette conservation peut se faire dans le fruitier, sur des tablettes superposées, garnies de fougère bien sèche ou de paille. Les grappes y sont déposées les unes à côté des autres, sans qu'elles se touchent.

Il faut avoir soin de les visiter bien souvent, afin de trier les grains qui commencent à s'altérer.

Très souvent encore, la conservation se fait en suspendant les grappes par la pointe, à un petit crochet en fil de fer, fixé lui-même sur des traverses. Ainsi attachées, elles sont moins exposées à pourrir, car les grains ont une tendance à s'écarter les uns des autres.

40. Conservation à rafle verte. — Par les procédés précédents, la rafle est bientôt desséchée et les grains se rident plus ou moins. Le procédé de conservation à rafle verte, imaginé par M. Rose-Charmeux, remédie à cet inconvénient.

Le sarment qui porte la grappe est coupé sur une longueur d'environ 0m.12 ou 0m,15 et la base est placée dans une petite bouteille remplie d'eau ordinaire, à laquelle on ajoute un peu de charbon de bois pour l'empêcher de se putréfier.

Les grappes sont souvent visitées et les grains altérés, soigneusement éliminés.

41. Conservation des raisins frais par l'évaporation lente de l'alcool. — Sur les conseils de M. Tisserand, l'éminent Directeur de l'Agriculture, M. Nanot, directeur de l'École d'Horticulture de Versailles, et M. Petit, professeur à cette école, ont entrepris une série de recherches relativement à la conservation des raisins frais par évaporation lente de l'alcool.

Les résultats qu'ils ont obtenus paraissent très satisfaisants. Le 31 octobre 1894, des raisins de chasselas ont été cueillis et placés dans une cave fermée aussi hermétiquement que possible. Dans la cave, on mit un bocal renfermant 100 centimètres cubes d'alcool; les raisins furent déposés sur des frisures de bois.

Dans deux autres caves identiques, l'une fermée, l'autre ouverte, mais où il n'y avait pas d'alcool, on déposa également des raisins. La température de ces caves était d'environ 8 à 10°.

Le 20 novembre, dans la cave ouverte et dans la cave fermée, où il n'y avait pas de vapeurs alcooliques, les raisins étaient gâtés, pourris, tandis que dans celle où l'on avait placé de l'alcool, les raisins étaient encore de toute beauté et dépourvus de moisissures.

Le 7 décembre, ces raisins avaient encore une belle apparence ; dégustés par des connaisseurs, ils ont été trouvés exquis ; ils n'avaient rien perdu de leur saveur.

Tout local à température basse et régulière, même dans la cave la plus humide, disent les opérateurs, pourra servir de chambre de conservation.

Il suffira d'y enfermer les raisins après la cueillette et de produire des vapeurs alcooliques.

Le mieux serait d'établir des compartiments en briques creuses, avec des claies destinées à recevoir les grappes.

Quant à la quantité d'alcool nécessaire, elle est relativement faible.

Ce procédé est simple, peu coûteux et peut rendre de réels services aux producteurs de raisins de table.

42. Conservation des figues. — La cueillette des figues dure un certain temps, par suite de la maturité successive de ces fruits. On doit attendre pour les cueillir qu'elles soient mûres avec excès, même un peu fanées. Celles qu'on cueille avant la maturité, achèvent bien de mûrir lorsqu'on les garde, mais elles n'ont jamais la saveur de celles qui sont restées sur l'arbre.

Cette époque de maturité complète est indiquée pour chacune par l'amollissement, la gerçure et l'affaissement de leur écorce.

Il faut préférer, pour la récolte, un temps sec et ne commencer que lorsque la rosée a disparu.

Immédiatement après que les figues sont cueillies, on les place sur des planches ou des claies en roseaux que l'on expose au soleil. Une remise bien aérée, éloignée de toute mauvaise odeur, les reçoit pendant la nuit et les jours de pluie.

Toutefois, ceux qui en sèchent de grandes quantités ne les rentrent pas tous les soirs et se contentent d'empiler les claies et de les recouvrir avec une toile.

Deux fois par jour, le matin et à midi, on retourne les figues, pour les faire sécher, également sur tous les points.

La dessiccation est complète, lorsqu'en les aplatissant sur leur queue elles ne se fendent pas; plus tôt, elles resteraient molles et se gâteraient; plus tard, elles seraient trop dures. C'est ainsi que se préparent les figues en Turquie et et en Portugal.

Dans le midi de la France, moins favorisé sous le rapport du climat, la pluie vient souvent interrompre l'opération. La dessiccation devient alors très difficile, si ce n'est même impossible. On a alors recours à la chaleur artificielle des fours, mais, il s'en faut de beaucoup qu'elles soient d'aussi bonne qualité que celles desséchées au soleil.

Lorsque les figues sont convenablement sèches, quelques-uns les mettent dans des sacs qu'ils laissent exposés dans des greniers à un courant d'air; d'autres les empilent dans des caisses, lit par lit, avec de la paille longue ou des feuilles de laurier.

43. Conservation des noix. — Les noix sont ordinairement récoltées en octobre ou novembre. Pour la cueillette, on attend le plus souvent la chute naturelle des fruits, qu'il est presque toujours nécessaire de compléter par un gaulage.

Si le brou existe encore, on l'enlève le plus vite possible, car rien de plus contraire à une bonne conservation, qu'un long séjour des noix dans cette enveloppe herbacée qui se décompose facilement.

Cette opération faite, on les dispose en couches peu épaisses de trois à quatre centimètres, soit au soleil, soit dans des habitations spéciales, pourvu qu'elles ne soient pas humides.

On a soin de les remuer fréquemment, afin de favoriser la dessiccation et prévenir les moisissures qui s'y développent très rapidement.

Au bout de vingt-cinq ou trente jours, les noix sont, en général, suffisamment sèches. On les conserve alors soit en sacs, soit en tas, dans un local qui n'est ni trop chaud ni trop humide, afin que les noyaux conservent toute leur blancheur, d'après laquelle se règle surtout la valeur commerciale.

44 Conservation des noisettes. Ces fruits ne doivent être récoltés que lorsque les involucres commencent à se flétrir, ce qui indique que la maturité est parfaite. Qu'elles soient destinées à l'extraction de l'huile ou aux usages de la table, les noisettes ne doivent être cueillies qu'à ce moment seulement.

Pour conserver les noisettes avec toute leur saveur, on les place dans du sable, du son ou de la sciure de bois. La conservation en sacs, après dessiccation au soleil, est mauvaise, car l'amande se racornit, diminue beaucoup de volume et perd une grande partie de sa valeur.

45. Conservation des châtaignes. — La maturité de la châtaigne se produit généralement vers la fin de septembre, courant octobre; elle se reconnaît à ce que l'involucre s'entr'ouvre et se détache du fruit.

Les châtaignes fraîches ayant plus de valeur que celles qui ont été desséchées, on cherche à les conserver sous le premier état le plus longtemps possible.

Pour ce faire, on ne les sépare pas de leur coque épineuse ou pelon et on les entasse en plein air ou sous un hangar sec et aéré. On ne les dépouille alors qu'au fur et à mesure des besoins. Mais, par ce procédé, la conservation ne peut guère s'étendre au-delà de deux mois après la récolte. On dit que, ramassées par les rosées, les châtaignes se conservent plus longtemps et sont moins susceptibles d'être attaquées par les vers. Mais ce n'est très probablement qu'un préjugé grossier, car la rosée, qui n'est que de l'eau, n'a pas d'autre action que cette dernière.

Une légère humidité concourt certainement à la bonne conservation des châtaignes, mais ce n'est pas au moment de leur récolte qu'il est nécessaire de l'augmenter, c'est lorsque l'évaporation a diminué. Ces considérations indiquent qu'il ne convient pas de les renfermer dans une cave, où la température est plus haute que celle de l'atmosphère ; on accélérerait leur perte.

Lorsque la châtaigne est détachée de sa coque, ou que celle-ci est trop entr'ouverte, pour qu'elle puisse encore lui être utile, il convient de l'en séparer complètement. La conservation doit alors se faire dans les endroits secs et en tas peu épais pour qu'elles ne puissent s'échauffer. Mais le meilleur moyen consiste à les stratifier avec du sable ; on peut ainsi manger des châtaignes fraîches jusqu'au milieu de l'été suivant.

Dans les pays de grande production, où la châtaigne rentre pour une part importante dans l'alimentation de l'homme et du bétail, on les conserve par dessication.

On a remarqué qu'au four, elles ne se desséchaient qu'incomplètement, et par suite que leur conservation était défectueuse ; on les dessèche actuellement à la fumée.

Chez nous, on dispose pour cet usage d'une petite chambre d'environ 5 mètres de côté et 6 mètres de hauteur. A 2 mètres environ du sol, on établit sur six poutres un clayonnage un peu bombé, soit en clouant des baguettes sur les poutres, soit en posant des claies faites à l'avance.

La partie supérieure de la chambre est percée de cinq petites fenêtres et d'une porte destinées, les premières, à établir un grand courant d'air, la dernière à accéder sur la claie. Sur cette dernière, on étend trois ou quatre sacs de châtaignes et l'on fait du feu au-dessous, avec du bois et des coques de châtaignes ; on veille à ce que la flamme ne se développe pas.

Les châtaignes suent d'abord, c'est-à-dire perdent leur eau de végétation surabondante. Ceci étant fait, on laisse éteindre le feu, on laisse les fruits se refroidir et on les jette sur un des côtés de la claie. On remet alors de nouvelles châtaignes que l'on couvre de celles qui ont déjà sué et on rallume le feu. Lorsque toute la claie est couverte, sur une épaisseur de 30 centimètres au moins de châtaignes ayant sué, on entretient un feu doux pendant deux ou trois jours et on l'augmente progressivement.

Après une dizaine de jours de feu continu,

on retourne les châtaignes et on recommence à les chauffer, jusqu'à ce qu'elles soient sèches, ce qu'on reconnaît à ce qu'elles se laissent facilement dépouiller de leur peau intérieure, lorsqu'on les bat.

Ce procédé est très dispendieux, car il faut veiller l'opération nuit et jour.

Dès leur sortie de dessus la claie, les châtaignes doivent être dépouillées de leurs deux enveloppes. Pour cela, on les place dans des sacs qu'on frappe avec des bâtons ou sur un billot revêtu d'une peau de mouton.

On se sert également de soles spéciales que des ouvriers se mettent aux pieds et qu'ils font glisser sur les châtaignes.

Cette opération constitue le blanchissage.

La châtaigne, ainsi desséchée, peut facilement se conserver d'une année à l'autre.

Le procédé espagnol est moins dispendieux.

Les châtaignes sont placées sur trois étages, les uns au dessus des autres ; quand celles du bas ont suffisamment sué, on les monte successivement sur les deux autres où elles achèvent de se dessécher à une plus douce chaleur.

46. Du séchage des fruits. Fruits secs. — Le procédé de conservation des légumes par dessiccation que nous avons déjà cité, comme ayant pris une grande extension est également appliqué sur une large échelle en Amérique pour la conservation des fruits.

Et, c'est même grâce à cette nouvelle industrie que les États-Unis, ont vu se développer leur culture fruitière avec une si grande rapidité.

En 1888, d'après M. Nanot, les seuls États de New-York et de Californie ont desséché 32 000 000 de kilogrammes de fruits divers, représentant une valeur de 18 500 000 francs. On voit, par ces chiffres, quelle importance a pris le séchage des fruits, dans le Nouveau-Monde.

L'Allemagne, l'Autriche, la Suisse et l'Italie, stimulées par les résultats obtenus en Amérique, ont également essayé de vulgariser cette nouvelle industrie. En France, on n'a fait que très peu de chose, à ce point de vue; il y aurait cependant un grand avantage à rentrer dans cette nouvelle spéculation.

Il convient cependant de dire que presque de tout temps, les départements de la Sarthe, de Maine-et-Loire, d'Indre-et-Loire, se sont livrés au séchage des pommes. Les transactions ont même été assez florissantes à certaines époques, mais depuis 1880, cette industrie locale a bien diminuée.

C'est, qu'en effet, les pommes américaines ont commencé à ce moment à se montrer sur les marchés d'Europe. A la concurrence américaine est venue se joindre, peu de temps après, celle de l'Allemagne.

La concurrence est facile pour ces divers pays car ils n'emploient que des procédés de dessiccation perfectionnés, rendant la préparation des fruits secs plus économique.

Il serait beaucoup à souhaiter que cette industrie se développât chez nous; mais, pour cela, il faudrait abandonner les anciens procédés, trop onéreux, et se servir des appareils perfectionnés, tant pour le pelage des fruits que pour leur dessiccation.

CHAPITRE V

—

CONSERVATION DU VIN, DU CIDRE ET DU VINAIGRE

CONSERVATION DU VIN

47. — Le vin est un liquide dont les principes constitutifs sont dans un état d'instabilité permanent et de modifications perpétuelles.

Ainsi, après sa fabrication, le vin est en général rude, vif et nerveux. Il faut attendre, avant de le livrer à la consommation, que ses propriétés trop accentuées se soient neutralisées mutuellement.

Avec l'âge, il acquiert certaines qualités : il devient moelleux et bouqueté. Il a alors atteint son maximum de valeur ; c'est le moment de le consommer.

Mais, pour que ces nombreuses transformations lui soient favorables, il demande des soins spéciaux pour et pendant sa conservation.

48. Établissement d'une cave. Principes à observer. — Le local où s'opère la conservation du vin est la cave. C'est là qu'il reste depuis la sortie de la cuve, jusqu'au moment de la consommation.

L'importance à attacher à la disposition des caves varie en raison de la durée de la conservation du vin. Ainsi, dans le Midi, par exemple, où la récolte est vendue quelques mois après le décuvage, la cave proprement dite n'existe pas. La conservation se fait dans le cellier, là ou s'est opérée la confection du vin.

Mais, il n'en est plus de même lorsque le vin doit être gardé plus longtemps et, dans ce cas, une cave est absolument indispensable.

Les caves sont généralement creusées dans le sol, et recouvertes par d'autres constructions, de façon qu'elles soient le moins possible sous l'influence de la température extérieure.

Il convient, en outre, de l'établir sur un sol sain, isolé des chemins où la communication est fréquente et des fosses d'aisance ou à purin, dont les émanations nuisent toujours à une bonne conservation.

Généralement, les caves sont voûtées, afin d'empêcher le plus possible, la pénétration de la chaleur.

Quant à l'aération de la cave, elle est d'une très grande importance, car, comme l'ont montré les expériences de Pasteur, l'oxygène de l'air joue un rôle énorme sur le vieillissement des vins.

L'aération se fait par des ouvertures disposées de telle manière qu'il y ait un courant d'air continu. Mais comme la chaleur pourrait rentrer en même temps, on n'aménage que des ouvertures à faibles dimensions et, s'il y a possibilité, on les fait déboucher dans un autre local où la température est moins excessive qu'à l'extérieur.

La température que l'on doit s'appliquer à obtenir dans une cave, est celle comprise entre 10 et 15° ; elle seule se prête à la fois à une bonne conservation et à un parfait vieillissement.

La plus grande propreté doit régner dans la cave ; on ne doit y placer aucune substance qui, par son odeur ou sa tendance à se décomposer, puisse amener des altérations dans le vin.

49. Des tonneaux ou vases vinaires. — Les vases vinaires destinés à loger le vin portent le nom de tonneaux.

Ils sont ordinairement disposés sur des madriers placés parallèlement à la longueur de la cave. Il convient, pour faciliter les diverses opérations d'entretien, de laisser un certain espace entre les tonneaux ainsi qu'entre ces derniers et les murs.

Il est important que l'agriculteur possède certaines notions sur le rôle que jouent les divers vases vinaires, par rapport à la conservation du vin.

Le meilleur des matériaux susceptibles d'être employés pour la confection des récipients vinaires, est sans contredit le bois. Par sa porosité, il facilite l'aération du vin et par sa mauvaise conductibilité de la chaleur, il le met à l'abri des fâcheuses influences de cette dernière.

Le ciment employé quelquefois pour les cuves, doit être complètement délaissé pour la conservation du vin.

Les bois de chêne, de châtaignier sont les meilleurs et les plus employés dans la tonnellerie.

50. Assainissement et entretien des vases vinaires. — La futaille demande des soins constants et minutieux : c'est d'elle que dépend, dans une large mesure, l'amélioration du vin et la conservation de ses qualités particulières.

Nous considérerons d'abord les préparations à faire subir aux vaisseaux vinaires neufs.

Avant de confier du vin à ces derniers, il est bon de les rincer, au préalable, avec de l'eau bouillante d'abord et de l'eau froide ensuite. Un petit lavage à l'eau-de-vie, opéré en dernier lieu est également une excellente chose.

On conseille encore de dissoudre dans l'eau chaude employée, un peu de sel marin qui a pour but d'enlever, partiellement tout au moins, les principes acides du bois.

Dans les grandes exploitations, où la vigne constitue sinon l'unique culture, mais du moins la plus importante, on emploie des jets de vapeur produite dans des chaudières spéciales. Les résultats sont parfaits et le travail rapide.

Quant aux tonneaux vides, ayant déjà servi, on doit leur accorder quelques soins, afin qu'ils ne contractent pas de mauvais goût.

Après le soutirage, ils doivent être soigneusement débarrassés de la lie par des lavages successifs, jusqu'à ce que les eaux de rinçage soient parfaitement claires. Lorsque les dimensions des vases vinaires le permettent, on doit pénétrer dans leur intérieur et nettoyer les parois avec une brosse. On est ainsi certain d'éliminer toutes les matières susceptibles de s'altérer tôt ou tard.

Après le brossage, on rince à grande eau, puis on laisse le tonneau débouché afin de lui permettre de s'égoutter complètement.

Dans les tonneaux de petites dimensions, le brossage à la main est remplacé par une chaine en fer, introduite à l'intérieur.

Après y avoir versé de l'eau, on roule le tonneau et on renouvelle l'eau de lavage, jusqu'à ce qu'il soit parfaitement propre.

L'égouttage étant entièrement achevé, on mèche alors les futailles. Cette opération se fait en y faisant brûler deux ou trois centimètres de mèche soufrée, par hectolitre de capacité.

La mèche est suspendue à un fil de fer, qu'on doit retirer avec soin après l'opération, afin que la toile sur laquelle était le soufre ne tombe dans le tonneau.

On bouche immédiatement après l'ouverture, de manière que l'acide sulfureux ne puisse s'échapper. Ce dernier, qui est un antiseptique énergique, s'oppose absolument au développement des divers germes, moisissures, dont la présence engendre toujours des altérations.

Si la conservation du tonneau doit durer plus de six à sept mois, il sera bon, au bout de ce temps, de renouveler l'opération.

Avant d'employer un fût soufré, il faut l'aérer soigneusement, le laver plusieurs fois, sinon le vin pourrait contracter une odeur désagréable de soufre. Après le rinçage à l'eau, on fera bien de le laver une dernière fois, avec du vin de qualité inférieure.

Les conditions que doivent remplir la cave et les vaisseaux vinaires, pour que le vin s'y conserve dans de bonnes conditions, ayant été passées en revue, nous allons voir maintenant les soins exigés par ce liquide, depuis le décuvage jusqu'au moment de sa consommation.

51. Soins à donner au vin durant sa conservation. — Dès le décuvage, le vin est introduit dans les tonneaux, qu'on remplit entièrement. Sous l'influence de la fermentation, que le soutirage fait toujours un peu renaître, le liquide diminue de volume. Il faut alors en ajouter une nouvelle quantité; c'est ce qui constitue l'ouillage, dont le but essentiel est d'empêcher l'acétification de se produire.

Lors des premiers jours du décuvage, l'ouillage doit être pratiqué, tous les deux jours au moins; plus tard, la perte étant moins grande, on ne l'opère que tous les dix ou quinze jours. Et enfin, quand la fermentation a cessé complètement, on se contente d'ouiller tous les mois seulement.

Pour l'ouillage, il est indispensable de conserver une certaine quantité de vin de goutte bien limpide.

52. Des bondes. — Les tonneaux doivent être bouchés bien hermétiquement, de manière que l'air ne puisse y pénétrer directement avec tous les germes qu'il tient ordinairement en suspension.

Les bondes ordinaires, consistant le plus souvent, en un simple bouchon en bois, quoiqu'étant bien ajustées, ne répondent pas absolument à ce *desideratum*.

C'est pour y remédier que l'on emploie les bondes hydrauliques, dont nous exposons le principe.

Elles consistent en un tube métallique adapté au trou de bonde et autour duquel est soudé une petite cuvette que l'on remplit d'eau. Ce tube est recouvert d'un capuchon dont la base, qui plonge dans l'eau, est percée de trous. De cette manière, l'accès direct de l'air dans le tonneau est impossible, et le dégagement d'acide carbonique se fait très bien.

La maison Japy fabrique également une

bonde, dans laquelle l'air se filtre en traversant une couche de coton soufré.

Les résultats obtenus par ces divers systèmes de bondage sont excellents et l'on ne peut que les recommander vivement aux viticulteurs.

53. Des soutirages. — Petit à petit, il se forme dans le tonneau, un certain dépôt dont le contact ne peut qu'être préjudiciable au vin. Sous l'action des changements de pression ou de température, ces matières déposées peuvent remonter dans la masse du liquide et lui nuire sous beaucoup de rapports.

Pour remédier à ces *inconvénients*, on pratique des soutirages.

La première année, on en fait généralement trois : le premier en décembre, après l'action des grands froids ; le deuxième après l'hiver, et le troisième en août. Ce dernier surtout, est d'une très grande importance, car sous l'action des chaleurs estivales, le vin a été plus ou moins agité et a donné naissance à une certaine quantité de lie, qu'il est indispensable d'enlever.

On a de plus remarqué qu'à cette époque le vin subit une sorte de fermentation qui peut lui être funeste, s'il est en contact avec des dépôts de lie.

Le soutirage peut se pratiquer de plusieurs manières. Dans les petites exploitations, on tire simplement le vin dans des récipients spéciaux et on le reverse dans un autre tonneau préparé à l'avance.

Lorsque les quantités à soutirer sont importantes, on emploie la pompe, qui permet d'accélérer le travail.

54. Autres soins spéciaux à donner au vin. — Outre les opérations que nous venons de décrire, et qui sont d'un usage courant, il convient quelquefois de pratiquer d'autres traitements spéciaux, tels que le collage, la filtration, etc.

La limpidité du vin, est une condition essentielle de sa conservation ; aussi est-ce une qualité recherchée par le commerce, comme garantie de bonne tenue.

Lorsque la clarification du vin est très lente à se produire, il convient alors d'opérer un collage qui le débarrasse des matières empêchant sa limpidité, sans, pour cela, le mettre en contact prolongé avec l'air. Les matières employées pour le collage des vins et qui sont le plus recommandables, sont le blanc d'œuf, la colle de poisson et la gélatine. Cette dernière s'emploie surtout pour les vins ordinaires, les deux autres étant au contraire réservées pour les vins fins.

Quand on emploie les blancs d'œuf, il est nécessaire qu'ils soient absolument frais ; trois œufs par hectolitre sont largement suffisants.

On opère de la façon suivante : les œufs étant cassés avec précaution, on laisse couler le blanc dans un plat, on y verse un peu de vin à coller et on bat vigoureusement avec une fourchette, afin d'obtenir une sorte de neige. Cela fait, on ajoute encore deux ou trois litres de vin ; le mélange opéré intimement est versé dans le tonneau. Immédiatement après, on donne un vigoureux fouettage et l'on abandonne le vin au repos.

Pour les vins ordinaires, on peut se contenter de battre les blancs d'œuf avec de l'eau additionnée de quelques grammes de sel de cuisine. Ce dernier favorise la dissolution de l'albumine et rend la clarification plus active.

La colle de poisson ou ichtyocolle ne s'emploie guère que pour les vins de valeur ; la dose moyenne est de quatre grammes par hectolitre.

La gélatine, communément employée pour les vins ordinaires, est administrée à la dose de 15 à 20 grammes par hectolitre.

On la fait dissoudre au préalable dans l'eau tiède : on l'introduit ensuite dans le tonneau et l'on donne un bon fouettage pour la mettre en contact avec toute la masse liquide.

Après quelques jours de repos, le vin est redevenu limpide ; il ne reste alors qu'à le soutirer.

La filtration a également pour but de clarifier le vin, en le faisant passer au travers d'une paroi poreuse qui retient complètement les particules solides du vin.

La filtration a l'avantage sur le collage de ne changer en rien la composition du vin traité ; mais, par contre, elle a divers inconvénients. Le contact prolongé de l'air, lorsque l'opération se fait à l'air libre, altère en effet le bouquet.

Il existe, il est vrai, des appareils à filtrer, dans lesquels, le vin est complètement à l'abri de l'air, mais leur prix est assez élevé et non à la portée de la plupart des cultivateurs.

55. Conservation du vin en bouteilles. — Les vins que l'on veut conserver longtemps (vins fins, par exemple), ne doivent pas toujours rester en tonneau. L'action de l'air qui leur est favorable pendant un certain temps, devient finalement nuisible en détruisant leur bouquet.

Il faut alors avoir recours à la mise en bouteilles, ce qui demande certaines précautions particulières.

La bouteille doit avoir un goulot régulier pour que le bouchon la ferme bien hermétiquement. Qu'elles soient neuves ou qu'elles aient déjà servi, les bouteilles doivent au préalable être rincées, brossées et égouttées avec soin. On évitera d'employer la grenaille de plomb pour enlever les dépôts adhérents, car il arrive souvent que quelques-uns des grains, restant emprisonnés, sont attaqués par le vin et y introduisent des sels de plomb toxiques.

Les bouchons qui ne doivent avoir aucun mauvais goût sont mis à l'avance à ramollir dans l'eau froide, ou mieux dans un peu de vin. On les enfonce avec des machines à boucher, à aiguilles ou autres, de façon à ne laisser aucun vide dans la bouteille.

Pour préserver les bouchons des piqûres d'insectes et empêcher leur détérioration, on les enduit de cire ou goudron à cacheter, formés de gomme ou résine à laquelle on ajoute 4 à 6 % de cire végétale ou de suif, afin de la rendre moins cassante.

Au goudron qui se détache parfois, on substitue avec avantage le capsulage.

On place sur le goulot de la bouteille dont on a rasé le bouchon, une petite capsule en étain; puis, à l'aide de la machine à capsuler, on comprime de manière à mouler cette capsule sur le goulot.

Les bouteilles sont généralement conservées couchées, soit dans du sable sec, soit dans des casiers spéciaux ou en piles tout simplement.

CONSERVATION DU CIDRE

56. — La conservation du cidre s'opère d'une façon identique à celle du vin, aussi, serons-nous bref sur cette question.

Disons cependant, que lorsque la fermentation tumultueuse est terminée, il faut soutirer le cidre; cette opération contribue pour une large part à sa conservation.

« Une opinion très accréditée, dit M. Morière, consiste à admettre que le cidre se conserve mieux sur la lie et garde sa force plus longtemps; qu'en le transvasant, on le fait sûrir; c'est là une grave erreur, les cidres laissés sur la lie tournent et s'acidifient ».

Le soutirage doit être considéré comme une excellente opération, indispensable même à la conservation du cidre. Certains agriculteurs, en Angleterre, le répètent jusqu'à trois et même quatre fois.

On opère de la même façon que cela a été décrit pour le vin.

57. Soins spéciaux à donner au cidre durant sa conservation. — Pour obtenir une bonne clarification, on est souvent obligé, après le premier soutirage, de procéder au collage.

Le collage du cidre ne se fait pas avec les mêmes matières que celles qui sont employées pour le vin. Ce dernier, en effet, se colle par l'apport de matières albumineuses ou gélatineuses qui, se combinant avec le tanin du vin, donnent un produit insoluble, qui, en se déposant entraîne les matières troublant le vin.

Le cidre au, contraire, contient suffisamment de matières albumineuses pour que le tanin préexistant ne suffise pas toujours à les précipiter.

Aussi, le colle-t-on le plus souvent en y ajoutant une certaine quantité de cachou [1].

On dissout à froid 60 grammes de cachou

[1] Le cachou est une matière astringente extraite notamment des fruits du *mimosa catchu*.

(quantité employée pour un hectolitre à coller), dans un litre de cidre et on verse le tout dans le fût, en mélangeant intimement.

Le tanin ainsi apporté précipite les matières albumineuses et le cidre se clarifie.

Tant que la fermentation n'est pas absolument terminée, il est bon de ne pas fermer complètement les fûts, afin de permettre l'évacuation de l'acide carbonique; un petit trou de vrille, pratiqué près de la bonde, suffit parfaitement.

Par contre, dès que la fermentation est entièrement achevée, la fermeture des tonneaux doit être le plus hermétique possible.

L'ouillage des tonneaux doit enfin être pratiqué de temps à autre.

Pour que le cidre en vidange ne s'acidifie pas, on peut verser dans la barrique une certaine quantité d'huile à manger, qui surnage à la surface du liquide et le préserve du contact de l'air. Ce procédé est également applicable au vin.

La couche d'huile doit avoir environ deux ou trois millimètres d'épaisseur.

58. Conservation du cidre en bouteilles. — La conservation du cidre peut également se faire en bouteilles; il y gagne beaucoup en qualité.

On ne peut en tout cas, que répéter pour cette question les conseils donnés pour le vin.

CONSERVATION DU VINAIGRE

59. — Lorsque l'agriculteur procède lui-même à la fabrication de son vinaigre, ce qui est de beaucoup préférable, on doit, lorsque l'acétification est complète, le décanter et le transvaser dans des bouteilles bien propres, hermétiquement bouchées et placées dans un endroit obscur et frais. Si les vinaigres sont mal bouchés, ils se troublent, se remplissent d'anguillules, empêchant sa conservation. De plus, dans de telles conditions, il s'affaiblit petit à petit et finit même quelquefois par tomber en putréfaction.

Ce phénomène est dû à ce que le mycoderme producteur (*mycoderma aceti*), prenant la forme muqueuse, détruit l'acide acétique qu'il avait produit, ainsi que les principes odorants du bouquet. Quand l'acidité a complètement disparu, la putréfaction se déclare, le vinaigre se comportant alors à la manière des infusions organiques.

La pasteurisation, si efficace pour conserver le vin à l'abri des altérations, ne l'est pas moins quand on l'applique aux vinaigres, comme l'avait reconnu Scheel, dès la fin du siècle dernier; mais son observation était tombée dans l'oubli.

Le chauffage du vinaigre à 55° en facilite d'ailleurs le collage, le rend limpide et lui donne la couleur du vieux vinaigre.

Enfin, plus le vinaigre est acide, mieux il se conserve; en tout cas, chose importante, c'est qu'il faut le garder le plus possible en bouteilles bien fermées et placées dans un local obscur de préférence.

CHAPITRE VI

CONSERVATION DU LAIT ET DES DIVERS PRODUITS DE LAITERIE

CONSERVATION DU LAIT

60. — Par sa nature, le lait est un liquide éminemment altérable.

C'est qu'en effet, il sert d'habitat à de nombreux microbes, les uns utiles, les autres nuisibles ; ces derniers, assurément les plus nombreux, n'attendent que les conditions favorables pour se multiplier et provoquer l'altération du lait.

Avant de passer aux divers modes de conservation du lait, disons quelques mots sur l'établissement de la laiterie.

61. Établissement d'une bonne laiterie et conditions qu'elle doit remplir. — La première condition que doit remplir une bonne laiterie, est que l'atmosphère soit constamment pure et le sol aussi propre que possible ; le voisinage des tas de fumier, des granges où les poussières sont abondantes, des étables, doit être évité le plus possible.

Il faut enfin que la laiterie ait une température basse et constante, autant que possible 10 à 12°, en toute saison. On obtient ce résultat en choisissant l'exposition au nord, en construisant des murs épais et en garnissant toutes les ouvertures de volets.

Une excellente disposition consiste à maintenir le niveau de la laiterie en contre-bas du sol et à la voûter en pierres ou en ciment.

En tout cas, si le bâtiment n'a pas d'étage supérieur, il importe de choisir pour la toiture des matériaux mauvais conducteurs de la chaleur, des tuiles particulièrement.

Des plantations d'arbres servant d'abri à la laiterie, constituent toujours une excellente chose.

A l'intérieur, on enduit de chaux les parois des murs et le plafond ; cette opération est renouvelée assez souvent, afin de faire disparaître les végétations cryptogamiques qui peuvent se développer.

L'aire de la laiterie doit être en dalles, en ciment ou en carreaux bien jointés et jamais en bois ou en terre battue. On lui donne une légère inclinaison vers une rigole centrale ou latérale, dans laquelle les eaux de lavage s'écoulent et s'en vont au dehors. La plus grande propreté devant absolument régner dans la laiterie, il importe de laver fréquemment l'aire, le mobilier et les ustensiles.

Mais, il importe que le lavage des ustensiles s'exécute loin du lait ; en conséquence, une laiterie quelque restreinte qu'elle soit, doit toujours se composer de deux pièces : la laiterie proprement dite et la laverie. Une chaudière pour faire chauffer de l'eau, un bassin à eau fraîche, un évier et un séchoir, constituent tout le mobilier de la laverie.

Les ustensiles en fer blanc étamé sont les meilleurs pour l'usage de la laiterie ; ceux en poterie vernissée sont également très bons, mais il faut se méfier de ceux qui ne sont pas vernissés.

Lorsqu'on se livre à la fabrication du beurre ou du fromage, on doit opérer dans des salles spéciales.

En somme, la bonne conservation du lait dépend, dans une large mesure, de l'installation de la laiterie et de la propreté qui règne à son intérieur. Malgré ces précautions, on est obligé de recourir à divers procédés de conservation, sinon l'altération pourrait se produire au bout d'un temps variable avec les saisons, mais assez court en général.

La conservation du lait peut être assurée de diverses manières :

1° par les agents chimiques ou les antiseptiques ;

2° par la chaleur ;

3° par le froid.

Nous allons successivement les passer en revue.

62. Conservation du lait par les agents chimiques ou les antiseptiques. — Les principales substances chimiques, employées pour la conservation du lait, sont le carbonate et le bicarbonate de soude, l'acide borique, le borax, etc.

Les carbonates de soude sont des sels alcalins, dont l'introduction dans le lait a pour but de neutraliser l'acide lactique au fur et à mesure de sa production, sous l'influence des ferments lactiques et, par suite, d'empêcher la coagulation du lait.

Les laitiers en gros qui expédient du lait à

Paris, à l'époque des grandes chaleurs, peuvent, grâce à cette addition, assurer la conservation du liquide pendant le temps nécessaire à son transport et à son débit dans la capitale.

Ajoutés à raison de 1 à 2 grammes par litre, au maximum, ces sels que les laitiers dénomment *conservateurs*, ne peuvent avoir aucune action nuisible sur l'économie; mais comme on force souvent ces doses, le lait prend finalement un goût de lessive, en même temps qu'il peut devenir purgatif et nuisible, surtout aux enfants et aux malades.

L'acide borique, le borax, l'acide salicylique, sont des antiseptiques qui gênent bien plus le développement des microbes et la coagulation du lait, que les sels alcalins.

Nous donnons l'opinion de M. Pouriau, sur l'emploi de ces divers produits :

« En résumé, comme l'introduction de ces diverses substances constitue une adultération passible des tribunaux, que l'abus de leur emploi peut exercer des effets fâcheux sur la santé publique et que, d'autre part, les agents chimiques ne font que retarder le développement des microbes nuisibles nous n'hésitons pas à en condamner l'emploi d'une façon absolue ».

D'ailleurs, dans les grandes laiteries, l'emploi des conservateurs a beaucoup diminué depuis l'introduction des pasteurisateurs.

63. Conservation du lait par le froid. — Depuis longtemps, on a remarqué que le lait qui est refroidi rapidement et immédiatement après la traite, se conserve bien plus longtemps que celui non refroidi ; aussi, il était tout naturel de recourir au froid pour retarder la coagulation du lait destiné au transport et à la consommation dans les villes.

A cet effet, on emploie des réfrigérants, qui peuvent non seulement servir au refroidissement du lait, mais encore à celui de la crème.

Le refroidissement est produit dans les différents systèmes, en faisant couler le lait sur un ensemble de tuyaux dans lesquels circule un courant d'eau froide.

Les réfrigérants employés actuellement dans les grandes laiteries, sont de divers types ; tous donnent de bons résultats.

64. Conservation du lait par la chaleur. — Le froid ne pouvant que retarder l'évolution des microorganismes contenus dans le lait, et par suite ne lui assurer qu'une conservation temporaire, il en résulte que le procédé absolument efficace pour conserver le lait réside dans l'emploi de la chaleur. Mais l'action de cet agent sur le lait dépend du degré de température auquel on soumet ce liquide.

Jusqu'à 70°, le lait n'éprouve pas de modification sensible, dans son aspect et son goût; néanmoins, cette température est suffisante pour tuer la plupart des bactéries adultes qu'il renferme, seules leurs spores survivent; quant aux autres microbes, aucun d'eux ne résiste à cette température.

Le chauffage du lait, à une température ne dépassant pas 70°, a reçu le nom de pasteurisation; il facilite efficacement la conservation du lait, mais temporairement seulement.

Pour détruire absolument tous les microbes du lait, il faut le chauffer à 110° pendant au moins 5 minutes. Le lait est alors dit stérilisé.

65. — La pasteurisation se fait dans des appareils spéciaux dits pasteurisateurs. Le premier type qui ait apparu en France, est celui du professeur Fjard de Copenhague, qui a été l'objet d'une série de perfectionnements. Nous ne rentrerons pas, bien entendu, dans le détail de ces appareils.

Citons quelques chiffres montrant les bons effets de la pasteurisation et dus à M. Bitter [1].

Dans une série d'expériences, le nombre de bactéries trouvé dans le lait, par centimètre cube, avant et après la pasteurisation, a été de :

Avant	Après
102 à 600	2 à 3
251 à 600	30 à 40
25 à 000	4 à 5
37 à 500	2 à 5
94 à 000	0

Enfin, tandis que le lait cru non pasteurisé se coagule, en moyenne, après 15 heures à la température de 28 à 30° et après 20 heures à 20° ; ce même lait pourra être conservé absolument bon pendant 30 et même 40 heures en le pasteurisant.

Comme le lait chauffé prend un goût particulier, il convient de le refroidir immédiatement après la pasteurisation, en employant la réfrigération dont nous avons parlé plus haut.

Disons enfin que la stérilisation préalable des

(1) POURIAU. — *La laiterie*, 5e édition.

vases destinés à recevoir le lait pasteurisé, a une grande influence sur la durée de la conservation ; cette dernière peut être d'une durée deux fois plus longue, lorsqu'on prend la précaution indiquée.

En résumé, pour qu'une opération de pasteurisation réussisse bien, il faut opérer comme suit :

1° Pasteurisation du lait à 68 ou 69°, aussitôt après son arrivée dans la laiterie.

2° Réfrigération immédiate du lait pasteurisé, de manière à abaisser la température à 11 ou 12°.

3° Mise en pots ou vases préalablement stérilisés à 100°, du lait ainsi pasteurisé et refroidi en ayant soin de conserver la température indiquée jusqu'au moment du départ.

66. — La stérilisation, consiste comme nous l'avons vu, à porter le lait à 110°, afin d'assurer la destruction complète de tous les microbes qu'il peut renfermer.

Malheureusement, cette haute température provoque dans le lait des modifications profondes. qui portent d'abord sur ses propriétés organoleptiques, en lui faisant prendre un goût de cuit. En outre, la couleur est modifiée : de blanche elle devient café au lait, puis brun plus ou moins foncé, à mesure que la température se rapproche ou dépasse 110°.

M. Duclaux a constaté dans ses importantes études sur le lait, que la stérilisation de ce produit détermine des modifications de constitution qui portent surtout sur la caséine et qui retardent de plus en plus sa coagulation sous l'influence de la présure.

Ce serait assurément un grand inconvénient, si le lait stérilisé devait servir à la fabrication des fromages, non seulement pour le fait indiqué mais par suite encore de la destruction d'un certain nombre de microbes, indispensables aux fromages à pâte molle, pour arriver à parfaite maturation.

Par contre, le lait simplement pasteurisé se comporte, vis-à-vis de la présure, comme le lait cru ou naturel.

Les inconvénients de la stérilisation, goût de cuit, modifications profondes dans la composition, constituent donc une sérieuse difficulté dans l'application du procédé. Aussi a-t-on cherché à tourner ces difficultés et on y arrive en tenant compte des observations suivantes :

1° Ne stériliser que des laits très frais;

2° Ne chauffer qu'à 103 ou 106°, mais compenser cet abaissement de température, au-dessous de 110°, par une prolongation de la durée du chauffage qui doit alors être de 20 à 30 minutes.

3° Refroidir immédiatement le lait stérilisé.

Les stérilisateurs industriels sont des autoclaves de divers systèmes, donnant tous de bons résultats.

On construit enfin de petits appareils avec lesquels on peut chez soi et sans aucune difficulté, stériliser le lait soi-même.

Tels sont, brièvement exposés, les divers procédés de conservation du lait, employés principalement dans les grandes laiteries, pour en éviter l'altération durant le transport.

Pour les petites exploitations où la production du lait n'est bien souvent qu'un accessoire de la ferme, ces procédés ne peuvent être appliqués car ils demandent des fonds considérables; il faut, en plus, avoir de grandes quantités de lait à traiter à la fois. D'ailleurs, dans le cas que nous envisageons, et c'est le plus fréquent, on se livre généralement à la fabrication du beurre ou du fromage et même des deux à la fois. Il n'est donc nullement nécessaire de conserver le lait très longtemps; il suffit alors d'observer le plus possible les soins de propreté et de température, que nous avons indiqués plus haut.

CONSERVATION DU BEURRE

67. — Dans les ménages, on peut conserver frais, pendant douze à quinze jours, du beurre bien délaité, en le soustrayant à l'action de l'air et de la lumière, de la manière suivante :

On comprime ce beurre dans des vases dit *beurriers* qui sont ensuite retournés sur une assiette ou un plat creux, contenant de l'eau pure.

Appert a appliqué au beurre son procédé général de conservation des substances alimentaires, c'est-à-dire la chaleur. A cet effet, il prenait du beurre frais, de bonne qualité, bien délaité ; il l'introduisait alors par petits morceaux dans des bocaux de verre et l'y tassait de façon à ne pas laisser de vides.

Ces bocaux bouchés bien hermétiquement étaient placés dans un bain d'eau froide qu'il chauffait jusqu'à ébullition. Il retirait ensuite les bocaux, les laissait refroidir et les plaçait ensuite dans un lieu frais.

Du beurre, ainsi traité, conservait sa fraicheur et ses qualités pendant plus de six mois.

Une composition très recommandée pour la

conservation des beurres est la suivante : salpêtre, une partie ; sucre, une partie ; sel de cuisine, deux parties. Mélanger bien intimement ces trois substances et les incorporer au beurre, à raison de 18 à 20 grammes par kilogramme.

Pour une conservation de longue durée, et pour des quantités importantes de beurre, on emploie la fusion et la salaison.

68. Conservation du beurre par fusion. — Ce procédé est très répandu ; il peut se faire à feu nu ou au bain-marie.

A feu nu, on place tout simplement le beurre dans un chaudron en cuivre qu'on chauffe au feu clair, égal et modéré.

Le beurre fond, les matières impures qu'il renferme tombent au fond du vase ou bien viennent se réunir à la surface sous forme d'écumes.

Ces dernières sont enlevées au fur et à mesure de leur formation.

Lorsqu'il ne s'en forme plus, on laisse refroidir jusqu'à 50 ou 55°, et le liquide est ensuite décanté dans des pots en grès.

Une fois figé, le beurre est recouvert d'une couche de sel, et le vase fermé avec un fort papier bien fixé.

Du beurre bien fondu peut se conserver pendant plus d'un an.

69. Conservation du beurre par salaison. — Le pétrissage à sec, et même le lavage le plus parfait, sont absolument insuffisants pour débarrasser complètement le beurre des éléments constitutifs du lait de beurre qu'il a retenus.

Le salage, au contraire, permet de pousser plus loin l'expulsion de ces matières qui favorisent son altération. Les grains de sel incorporés à la masse forment en effet bientôt de grosses gouttes de saumure, tenant en dissolution et en suspension les principes constitutifs du lait de beurre et quand vient ensuite le malaxage de ce beurre salé, cette saumure s'écoule facilement. En outre, le sel qui reste dans la masse empêche le développement des végétations cryptogamiques et des microbes, ainsi que le rancissement du produit.

On emploie de 40 à 60 grammes de sel par kilogramme de beurre; l'incorporation se fait par un pétrissage soigneux.

Le beurre salé bien préparé conserve un goût agréable et peut être servi sur la table, tandis que le beurre fondu ne se prête guère qu'aux usages culinaires.

CONSERVATION DES FROMAGES

70. — La conservation du fromage se fait dans un local spécial, devant présenter à peu près les mêmes conditions de température, de propreté que la laiterie. Elle est généralement située au-dessus de la fromagerie, en contre-bas dans le sol. L'aire peut être tout simplement en terre battue, en briques ou carreaux posés sur ciment et bien jointés, quand on redoute un excès d'humidité. Les murs et le plafond sont crépis et enduits; le local est enfin garni d'une série d'étagères, sur lesquelles on dispose les fromages par rang d'âge.

Aucun courant d'air actif ne doit prendre naissance dans la cave d'affinage, dont l'atmosphère doit être légèrement humide et maintenue à une douce température comprise entre 10 et 12°. Il faut néanmoins aérer un peu, au moyen de soupiraux munis de volets.

Le local doit enfin être obscur; aussi les ouvertures doivent être vitrées et munies de volets à l'intérieur, afin d'empêcher la lumière de pénétrer.

Très souvent, avant d'être portés directement

à la cave d'affinage, les fromages sont laissés durant quelque temps dans un autre local, le séchoir, où l'on peut faire circuler l'air abondamment. Le séchoir doit également présenter une température relativement basse, entre 13 et 14 degrés.

Ce n'est alors que lorsque les fromages sont bien raffermis, qu'on les porte à la cave d'affinage.

Durant leur séjour dans le séchoir, les fromages doivent être visités et retournés très souvent ; la paille sur laquelle ils reposent doit enfin être changée chaque fois que cela est nécessaire.

Dans la cave d'affinage, les fromages sont également l'objet de soins minutieux, variant avec les diverses sortes de fromage, et sur les détails desquels nous ne nous étendrons pas.

Durant leur affinage, les fromages sont souvent envahis par les mites du fromage (*tyroglyphus siro*), qu'il importe de détruire, car, lorsqu'elles sont en grand nombre, elles provoquent la dessiccation du produit.

Un bon procédé de destruction de ces petits acariens, faisant bien souvent le désespoir des fermières, consiste à soumettre les fromages atteints à un brossage énergique tout d'abord à sec, et ensuite, à un deuxième brossage, à l'eau salée et bouillante.

Les planches ou rayons supportant les fromages doivent également être nettoyés et lavés bien soigneusement.

CHAPITRE VII

CONSERVATION DES FOURRAGES

71. Le mode de conservation le plus appliqué aux divers fourrages, naturels ou artificiels, est celui qui consiste à les dessécher, c'est-à-dire à les transformer en *foin*, qui se conserve soit en greniers, soit en meules.

Pendant longtemps, on a, en effet, pensé que les plantes destinées à la nourriture des animaux ne pouvaient conserver leurs propriétés nutritives que par le fanage.

Mais, depuis une vingtaine d'années, des agriculteurs, se basant sur le procédé de conservation employé pour les tubercules et les racines, c'est-à-dire la mise en silos, ont entrepris de résoudre l'importante question de la conservation des fourrages verts et, après de nombreux essais, ils sont arrivés à une solution tout à fait satisfaisante.

Nous nous étendrons longtemps sur ce mode de conservation, pouvant être d'une réelle utilité là où le fanage est rendu difficile par les conditions météorologiques.

Ce sous-chapitre sera donc divisé en deux parties :

1º Conservation des fourrages par dessication, c'est-à-dire par fanage.

2º Conservation des fourrages verts par l'ensilage.

CONSERVATION DES FOURRAGES PAR DESSICCATION

72. — La bonne conservation des fourrages secs, dépendant, dans une large mesure, de la manière dont a été conduit et réussi le fanage, nous nous arrêterons un instant sur cette importante opération.

Du fanage. — Le foin le plus substantiel est celui que l'on fauche le premier, avant le développement complet des plantes. Le moment propice est arrivé quand la plupart des plantes montrent les organes de la fructification.

Si on attend la floraison ou la grenaison, le rendement en foin est plus considérable, mais c'est aux dépens de sa valeur nutritive.

Pour que le foin sec soit d'une belle couleur verte, signe d'un bon fanage, il faut éviter d'exposer les andains à la rosée, surtout quand ils ont déjà subi un commencement de dessiccation. Ils doivent être réunis en petits tas pendant la nuit, et étendus au soleil, dès que la rosée ne laisse plus de trace sur le sol.

Le ramassage et l'étendage se recommencent autant de fois qu'il est nécessaire pour obtenir une parfaite dessication.

Le foin est suffisamment sec, quand ses tiges se brisent au moindre choc.

Lorsque la pluie est imminente, on fait des tas aussi gros que possible, afin de diminuer la quantité de foin qui doit être forcément mouillée.

Par les beaux temps, quand le soleil darde ses rayons, le fanage est en somme bien simple et bien facile.

Mais, il n'en est pas de même lorsque la saison est pluvieuse.

Le cultivateur est obligé de surveiller attentivement ses foins, de les retourner sans cesse, et inutilement bien des fois. Ces opérations continuelles ont de nombreux inconvénients ; elles sont longues et coûteuses ; elles ne donnent, de plus, jamais satisfaction au cultivateur, qui, péniblement alors, rentre dans son grenier un fourrage avarié et insuffisamment sec. Souvent même, ce fourrage, cause de tant d'ennuis et de dépenses inutiles, est abandonné sur le sol ; il ne pourra, désormais, qu'aller grossir le tas de fumier.

Afin d'éviter tous ces ennuis, afin d'obvier à tous ces inconvénients, et de supprimer les dépenses de fanage, de la mise en petits et en gros meulons, il est un moyen bien simple, pratiqué depuis longtemps par les cultivateurs de certaines régions, moyen qui devrait être pratiqué régulièrement pour récolter, sans crainte, les produits des prairies artificielles et des prairies naturelles. Nous voulons parler de la mise en moyettes des fourrages.

Pour atteindre ce but, il faut, afin d'exécuter plus facilement ce travail, faucher avec la faux à rateau, outil qui permet de réunir uniformément toutes les tiges fourragères.

Ainsi coupé, le fourrage se met aisément en moyettes. Deux hommes prélèvent deux brassées de fourrage, les mettent debout, tout en écartant leurs pieds et en appuyant les extrémités les unes contre les autres. Une autre brassée, ajoutée en second lieu, vient donner de la solidité à la moyette. Les extrémités sont ensuite reliées par quelques brins de fourrage qui forment un lien sûr et économique.

Ainsi fixées, ces brassées, au-dessous desquelles l'air peut circuler, puisque les pieds sont écartés, sont à l'abri des intempéries. S'il survient une pluie, le dessous n'est pas atteint et le moindre rayon de soleil fait disparaître cette humidité accidentelle. Le fourrage sèche alors parfaitement et conserve toutes ses feuilles.

Au bout de quelques jours, sans travail supplémentaire, le fourrage en moyettes pourra être rentré avec toutes ses qualités alimentaires.

Ce mode de fanage est très pratique et doit être employé durant les saisons pluvieuses.

Ailleurs, dans le but également de soustraire l'herbe aux influences fâcheuses des brouillards et des pluies, on l'expose à l'air sur des appareils en bois auxquels on donne le nom de cavaliers ou séchoirs, et qui peuvent être mobiles ou à demeure.

Ces *cavaliers* sont formés par trois poteaux de 3 à 4 mètres de hauteur, ajustés en forme de trépied, et sur lesquels on dispose des perches horizontales, espacées de $0^m,30$ ou $0^m,40$ les unes des autres.

Quand l'herbe est restée en andains pendant 24 heures environ et qu'elle a perdu une partie de son humidité, on la place sur les traverses horizontales où elle reste exposée à l'action simultanée de l'air et du soleil.

La dessiccation se produit ainsi bien plus vite et dans de meilleures conditions que si on laissait le fourrage en contact avec le sol trempé par les pluies.

Ce mode de séchage offre de grands avantages dans les vallées où l'humidité atmosphérique ne permet pas d'exécuter le fanage d'une manière rapide.

L'herbe, ainsi desséchée, blanchit à la surface par suite de son exposition à l'air, mais la masse conserve intérieurement une belle nuance verdâtre, et pas une feuille ne se détache.

Les divers procédés de fanage que nous venons de signaler sont également très utiles pour les regains. L'époque tardive à laquelle on les fauche en effet, ne permet pas toujours de compter sur un beau temps, pour opérer leur transformation en foin. Et même, une excellente précaution à employer lorsque les regains sont rentrés insuffisamment secs, consiste à les stratifier avec de la bonne paille d'avoine ou de blé. Cette paille, à la condition qu'elle soit bien sèche, empêche le regain de s'altérer ou de moisir.

Le tout constituera un mélange qui fermentera un peu, il est vrai, mais qui sera excellent pour l'hivernage des bêtes bovines et ovines.

73. Conservation proprement dite des fourrages. — Les fourrages étant secs et dans de bonnes conditions, il reste, pour en effectuer la conservation, à les rentrer dans les greniers ou à les mettre en meules.

Lorsque le cultivateur aura des greniers à foin suffisamment vastes, il devra évidemment les utiliser de préférence, avant d'avoir recours aux meules.

La conservation des fourrages peut se faire soit en vrac, soit en bottes. Les foins de prairies naturelles peuvent être emmagasinés non bottelés, car les graminées qui y dominent perdent difficilement leurs feuilles.

Pour les fourrages artificiels, luzerne, trèfle ou sainfoin, il est préférable d'avoir recours au bottelage, car les feuilles se détachent très aisément des tiges et par la mise en bottes, on évite ainsi une perte notable des meilleures parties alimentaires de la plante.

Le foin bottelé est d'ailleurs plus facile à charger et à décharger ; mais il se tasse moins bien dans les greniers, et perd plus vite ses qualités que le foin conservé en vrac.

Le bottelage a l'avantage de permettre au cultivateur de se rendre compte plus exactement du rendement en fourrage d'une prairie et d'en régulariser la vente ou la consommation.

Que la conservation se fasse en vrac ou en bottes, on dispose le fourrage par couches régulières et bien tassées, de manière qu'il reste entre elles le moins de vides possible. La présence de l'air est, en effet, surtout lorsque le fourrage a été rentré insuffisamment sec, nuisible à la bonne conservation des qualités alimentaires du foin.

Il faut enfin éviter d'avoir des ouvertures faisant communiquer les vapeurs chaudes des étables ou des écuries avec les greniers à fourrages, car il pourrait en résulter de graves altérations.

74. Conservation en meules. — A défaut de place dans les fenils, on a recours à la mise en meules.

Lorsque ces dernières sont bien construites, la conservation y est parfaite.

Il faut, bien entendu, choisir l'emplacement de la meule près de la ferme, afin de rendre plus commode le service du fourrage. On choisit enfin un endroit un peu surélevé, afin d'éviter les eaux.

Pour que le foin ne soit pas en contact direct avec le sol, on dispose tout d'abord une petite couche de fagots, roseaux ou bien ce qui est encore mieux, un petit plancher porté par quatre supports.

Pour la construction des meules, nous ne pourrons que répéter ce qui a été dit au § **4**. Nous ne ferons qu'ajouter que le foin est disposé par couches régulières et bien tassées, qu'on place de l'extérieur à l'intérieur.

Disons enfin que c'est généralement le foin des prairies naturelles qui est mis en meules ; les fourrages artificiels sont, de préférence, logés en greniers.

75. Salaison du foin. — Lorsque par des circonstances fortuites le foin rentré n'est pas absolument sec, une excellente pratique consiste à le saler.

Cette opération a pour effet d'empêcher le foin de devenir poudreux et impropre à l'alimentation.

En effet, la poussière ne se forme que lorsque le foin contient encore un peu d'humidité, lors de sa rentrée au grenier ou de sa mise en meules.

Après son tassement, il se produit alors une sorte de moisissure verte, qui est loin d'être saine pour les animaux contraints à l'absorber en même temps que les herbes qui l'ont produite.

Or, le sel a la propriété d'empêcher dans la plupart des cas, la fermentation et, par conséquent, ses suites fâcheuses. Par sa puissante affinité pour l'eau, il absorbe toute celle des tiges qui n'avaient pas atteint un degré de dessiccation suffisant; de ce fait, il se convertit en un liquide salé, qui, sous cette forme, concourt à la conservation du fourrage.

Les meilleures doses sont : 25 à 30 kilogrammes par 1 000 kilogrammes de foin. Il est bon de broyer le sel au préalable et de le répandre avec soin pendant le déchargement des charrettes, de sorte que toutes les parties en reçoivent également.

La salaison des foins a de plus l'avantage de rendre les aliments plus faciles à digérer ; leur assimilation sera plus complète et les animaux s'en porteront mieux.

L'opération est d'ailleurs d'un prix peu élevé. Avec 100 kilogrammes de sel coûtant environ 7 francs, on peut saler environ 4 000 kilogrammes de foin, ce qui fait ressortir la salaison des 1 000 kilogrammes à 1fr.50. Les animaux gagneront assurément beaucoup plus, par suite de cette excellente pratique.

CONSERVATION DES FOURRAGES VERTS ENSILAGE

76. — Comme nous l'avons dit au début de ce chapitre, la conservation des fourrages verts par l'ensilage tend à se généraliser de plus en plus.

Les premiers essais d'ensilage ont été faits sur le maïs, qu'il est si utile de conserver en vert et qui ne peut, du reste, se consommer à l'état sec ; les expérimentateurs n'ont pas tardé à reconnaître que l'on peut, par le même moyen, conserver toutes sortes de fourrages.

L'ensilage [1] présente de grands avantages :

1° De permettre la conservation de toutes les plantes fourragères (maïs, sorgho, moha, luzerne, trèfle, herbe de prairie, etc.), sans les soumettre au fanage qui est parfois difficile et même impossible, surtout pour les récoltes d'arrière saison.

2° D'éviter des pertes de temps et de main-d'œuvre pour le séchage des fourrages et même la perte de la récolte, lorsque la pluie ou le manque de chaleur s'opposent au fanage.

3° D'augmenter d'une manière remarquable, la valeur nutritive des fourrages, en ramollissant leurs tissus ligneux et en leur faisant subir un commencement de désorganisation, qui les rend plus facilement assimilables.

4° D'avoir, pendant tout l'hiver et même pendant le printemps, des fourrages verts si recherchés par les animaux et si nécessaires pour varier le régime auquel ils sont soumis, durant la stabulation.

Jusqu'ici, c'est le maïs qui a été la plante fourragère la plus soumise à l'ensilage ; elle constitue sous cet état, une excellente nourri-

---

[1] Nous empruntons la plupart de ces renseignements à une excellente étude sur l'ensilage de M. Franc, professeur départemental du Cher.

ture pour les bœufs, vaches, moutons et même pour les chevaux. On ne peut que souhaiter que cette culture s'étende de plus en plus et que les procédés de conservation par l'ensilage, lui soient appliqués sur une plus grande échelle. Ce sera assurément le point de départ d'un grand progrès agricole.

77. Emplacement du silo. — Le silo doit être établi sur un terrain sain, exempt d'humidité et à l'abri de toute invasion d'eau.

Tout endroit qui réunit ces conditions peut convenir, mais, pour la facilité du service des étables, il est nécessaire de l'établir, autant que possible, à proximité des bâtiments de la ferme.

78. Établissement du silo. — On peut établir le silo de quatre manières plus ou moins différentes :

1° en terre ;

2° en fosse maçonnée ;

3° en grange ;

4° en plein air :

79. Silo en terre. — Le silo en terre est le silo proprement dit. Il peut être plus ou moins large et profond. Le plus souvent, on lui donne les dimensions suivantes :

Profondeur	1 à 2 mètres
Largeur du fond	$2^m,50$
Largeur au niveau du sol . .	3 mètres

Sa longueur doit être déterminée par la quantité de fourrage à ensiler.

Il est utile de donner au fond de la tranchée un peu de pente pour faciliter l'écoulement des eaux qui pourraient provenir soit du sol, soit de la matière ensilée.

Lorsque la fosse est creusée suivant les dimensions voulues, on en tapisse le fond et les parois avec une couche de paille d'environ 10 centimètres d'épaisseur et on dépose le fourrage par couches horizontales.

On monte le tas de $1^m,50$ à 2 mètres hors du sol, en ayant soin de faire piétiner chaque couche, surtout sur les bords. On termine l'ensilage en lui donnant la forme d'un toit, que l'on recouvre d'une couche de paille et d'une épaisseur de terre d'environ 75 à 80 centimètres. Il est nécessaire que cette couche de terre soit foulée et ne permette point l'accès de l'air dans la masse. Malgré tous les soins apportés à l'exécution de la couverture, des fissures ne tardent pas à se produire, par suite du tassement et sous l'influence des gaz que la fermentation engendre dans la masse. Ces fissures doivent être soigneusement fermées avec quelques pelletées de terre, et en tassant avec un pilon en bois. Des précautions que l'on apportera dans l'entretien de la couverture, dépendra la bonne conservation de l'ensilage.

Après six semaines ou deux mois, on peut entamer le silo. A cet effet, on ne découvre qu'une extrémité, par laquelle on prend tous les jours la quantité de fourrage nécessaire.

80. Silo en fosse maçonnée. — Dans ce genre de silo, la fosse est creusée à parois verticales et sur ces dernières, on construit des murs en bonne maçonnerie de chaux hydraulique.

On revêt ces murs d'un enduit de ciment très lisse, afin de faciliter le tassement du fourrage.

Le silo en maçonnerie peut être entièrement dans le sol, le dépasser plus ou moins et même être entièrement au dehors.

Le fourrage y est également disposé en couches régulières, qu'on tasse le plus possible. On termine le tas en forme de toit ou à plat, ou même encore par une surface bombée qu'on recouvre de paille. Le silo est ensuite chargé de terre ou autres matériaux lourds, tels que pierres, briques, madriers, etc.

Un excellent système de silo en maçonnerie est celui qui existe à l'asile départemental de Saint-Robert (Isère).

Les grandes et moyennes exploitations auraient, croyons-nous, grand avantage à adopter une semblable installation.

Ces silos ont une forme rectangulaire, les angles sont arrondis afin que le tassement se fasse mieux et que l'élimination de l'air soit complète.

Les dimensions sont, si nos souvenirs sont bien précis, les suivantes :

Longueur	5 mètres
Largeur	$3^m,50$
Largeur de l'entrée	$1^m,80$
Hauteur	4 mètres

Les murs ont une épaisseur moyenne de $0^m,50$; ils sont revêtus d'une couche de ciment très lisse, favorisant le tassement de la masse.

Le fond du silo est également cimenté et va légèrement en pente ; de cette manière, les liquides provenant de l'ensilage s'évacuent très facilement et ne craignent pas de nuire à l'ensilage en restant en contact avec lui.

Le montage du silo se fait comme nous l'avons indiqué ci-dessus.

81. Ensilage en grange. — Encouragés par les bons résultats obtenus en fosses maçonnées et non maçonnées, les agriculteurs ont eu l'idée de faire l'ensilage dans des locaux et même en plein air, sans abri aucun.

Le silo en grange est le mode le plus économique et on ne saurait trop le recommander toutes les fois que la place ne fait pas défaut.

On peut utiliser un coin de hangar ou de grange : si la surface est trop grande, on les divise en plusieurs compartiments par des cloisons en briques ou en planches, fixées d'une façon provisoire.

Comme précédemment, il faut élever le tas par couches régulières et fouler soigneusement chaque nouvelle assise, surtout aux encoignures.

82. Ensilage en plein air. — C'est le silo, hors de terre, sans aucun abri. Il ne nécessite aucun travail de terrassement, si ce n'est une rigole pratiquée autour du tas, pour assécher le sol en temps de pluie.

C'est le mode d'ensilage le moins dispendieux et il convient surtout de l'employer lorsqu'on a une grande masse de fourrage à ensiler et que les travaux sont pressants.

Sur une forte couche de paille étendue sur le sol, ou mieux, sur des planches reposant sur quelques madriers, on dépose le maïs ou tout autre fourrage, en mettant la base des tiges à l'extérieur.

On opère le tassement le mieux possible, et on monte les parois verticalement. On peut élever le silo à l'angle de deux murs, pour en augmenter la stabilité, ou bien l'adosser à une construction.

Le silo terminé, il ne faut, comme pour les autres cas d'ailleurs, déposer tout d'abord qu'une partie du chargement; le reste ne doit être ajouté que lorsque la masse a subi un premier affaissement.

83. Diverses sortes d'ensilage. — On distingue deux sortes d'ensilage :

1° L'ensilage doux.

2° L'ensilage acide.

Ce dernier est celui qu'on obtient lorsqu'on monte rapidement le tas, sans laisser le temps aux couches inférieures, de prendre une température élevée.

Les ensilages acides sont acceptés des animaux, mais ils sont moins nourrissants que les ensilages doux. Ils sont caractérisés par une odeur forte, résultant d'une fermentation lactique et butyrique.

L'ensilage doux, de beaucoup préférable au premier, possède au contraire une bonne odeur, se produisant par suite de la fermentation alcoolique.

Quel que soit le genre de silo adopté, il faut s'efforcer d'obtenir l'ensilage doux. On y parvient en ne montant pas trop vite le tas, en une, deux ou trois journées, suivant la quantité à ensiler et en laissant aux dernières couches le temps d'atteindre la température de 50 ou 60°.

A défaut de thermomètre, on s'assure que la chaleur est suffisante, en plongeant la main dans la masse. La température de 55° est difficilement supportable, celle de 60° ne l'est pas du tout.

84. Chargement du silo. — Le poids des matériaux nécessaires pour comprimer suffisamment le tas, doit être de 800 à 1 200 kilogrammes par mètre carré. Il est utile que cette charge soit déposée en deux et même trois fois, dans les premiers jours qui suivent l'achèvement du silo.

85. Récolte des fourrages à ensiler. — L'époque à laquelle il convient de récolter les fourrages destinés à être ensilés, est celle où la plupart des plantes sont en fleurs. Que les fourrages soient d'ailleurs destinés à être fanés ou conservés en vert, c'est le meilleur moment, car ils présentent alors le maximum de leur valeur alimentaire.

Le maïs et les fourrages doivent être ensilés aussitôt après qu'ils ont été coupés et à l'état frais.

S'ils ont subi un commencement de dessication, ils se compriment mal et s'altèrent par suite de l'air qui reste dans la masse.

L'expérience semble avoir démontré que les plantes mouillées par la pluie ou la rosée, peuvent être ensilées sans inconvénient.

86. Du hachage du fourrage à ensiler. — Quelques agriculteurs hachent le maïs en morceaux de 2 ou 3 centimètres, avant la mise en silo.

Cette opération supplémentaire a l'inconvénient d'exiger plus de temps et une plus grande dépense ; mais elle présente les avantages suivants :

1° De réduire le volume de près de moitié.

2° D'exiger, par conséquent, un silo moins grand.

3° D'obtenir un tassement plus régulier et plus parfait.

De plus, par le hachage, on peut incorporer au maïs, des balles, pailles hachées, qui deviennent alors d'une consommation plus facile et plus profitable.

Ces substances acquièrent en effet, par suite de la fermentation, des propriétés et une facilité d'assimilation qu'elles sont loin de posséder lorsqu'elles sont consommées séparément.

Il ne faut cependant pas leur faire dépasser la proportion de 10 à 12 % du poids de maïs ensilé.

87. Salage de l'ensilage. — On a recommandé le salage des fourrages mis en silo, afin d'en assurer la conservation. Il n'est pas nécessaire lorsque l'ensilage est exécuté dans de bonnes conditions, mais il n'est point nuisible, bien au contraire. Les fourrages salés sont plus appétissants et plus digestibles.

Lorsqu'on opère la salaison du fourrage, on fait répandre le sel sur chaque couche, à raison de 2 à 3 kilogrammes par 1 000 kilogrammes de fourrage ensilé, en ayant soin d'augmenter la dose de sel sur les bords du tas.

On se sert de préférence du sel dénaturé qui coûte moins cher que le sel ordinaire.

88. Compression mécanique de l'ensilage. — Il existe divers appareils mécaniques servant à comprimer les fourrages ensilés. Mentionnons pour mémoire ceux de MM. Reynolds et Cie et celui de M. Cochard.

L'un et l'autre sont applicables à l'ensilage en meule et en grange : cependant, celui de MM. Reynolds et Cie peut s'adapter à l'ensilage en fosse. Ces appareils évitent le transport d'une grande quantité de matériaux et sont, de ce fait, très avantageux.

89. Emploi du sulfure de carbone dans l'ensilage. — On a préconisé l'emploi du sulfure de carbone pour l'ensilage, particulièrement pour celui du trèfle incarnat. Le sulfure agirait en empêchant la masse d'arriver à un degré de fermentation trop élevé. Au moment de la confection du silo, on arrose chaque couche de trèfle avec le sulfure de carbone, en employant 3 kilogrammes de ce produit pour 1 000 kilogrammes de fourrage.

Le tas, une fois terminé, est tout simplement recouvert de feuilles de carton sur lesquelles on place des planches, sans se préoccuper de la pression de la masse. On ne la charge pas d'autres matériaux.

Le sulfure de carbone, en s'évaporant, chasse l'air de l'intérieur du silo.

Il paraît que les animaux acceptent assez volontiers le fourrage ainsi conservé. On peut cependant se demander si l'odeur désagréable du sulfure de carbone est complètement disparue lors de la consommation du produit.

Quoi qu'il en soit, le procédé mérite d'être essayé.

M. Joulié a constaté par des analyses nombreuses que l'ensilage, ainsi traité, donne une nourriture moins acide et plus riche en azote que celui qui ne l'est pas.

90. Consommation de l'ensilage. — Un ensilage bien réussi peut se conserver six mois et même un an, mais on le fait ordinairement consommer en hiver pour varier la nourriture.

Lorsqu'on découvre un silo bien conservé, le fourrage présente une couleur brune et répand une odeur alcoolique quelquefois très marquée.

On ne doit mettre en consommation le fourrage ensilé que lorsque la fermentation est bien terminée, ce qui n'a lieu qu'un mois et demi environ après la mise en silo. Alors, la masse s'étant comprimée, elle est devenue compacte et se laisse facilement couper au couteau à foin, ou à la bêche convenablement aiguisée. On doit la couper par tranches verticales et ne prendre que la quantité nécessaire pour une journée.

Il est même préférable de n'enlever que ce qui doit être donné par repas, car le fourrage ensilé, exposé à l'air, s'altère très vite.

On ne devra découvrir du silo que la largeur de la tranche nécessaire et l'entaille sera recouverte immédiatement et aussi bien que possible. Si, sur les bords ou au fond du silo, il se trouve quelque peu de fourrage mal conservé, on s'abstiendra de le faire consommer aux animaux.

Le fourrage ensilé peut être administré seul, mais il vaut mieux le donner en mélange, pour faire consommer en même temps des fourrages moins aqueux et moins appétissants. Il ne doit également pas composer à lui seul toute la ration journalière des animaux ; il est en effet nécessaire de compléter l'ensilage par d'autres aliments plus secs et plus concentrés, tels que des tourteaux ou des farineux.

En résumé, la conservation des fourrages verts par l'ensilage présente de nombreux avantages.

Pour réussir cette opération, il est indispensable de se conformer aux prescriptions que nous avons indiquées et que nous résumons succinctement :

1° Couper le fourrage en pleine floraison, et le mettre aussitôt en silos, avant qu'il ait commencé à sécher.

2. Déposer le fourrage par couches régulières et horizontales, en évitant de laisser la moindre cavité.

3° Tasser énergiquement chaque couche, surtout sur les bords du tas, afin d'expulser l'air de la masse le mieux possible, et d'empêcher la pénétration de l'air extérieur.

4° Opérer comme il a été indiqué pour obtenir l'ensilage doux.

5° Couvrir le silo et le charger d'un poids suffisant pour le comprimer parfaitement.

CHAPITRE VIII

—

CONSERVES ALIMENTAIRES SUSCEPTIBLES D'ÊTRE PRÉPARÉES A LA FERME

91. — Avant de terminer ce volume, nous croyons utile, d'exposer les meilleurs modes de préparation des diverses conserves alimentaires, qui se présentent souvent à nos ménagères, ou que ces dernières auraient tout au moins un grand intérêt à préparer. Elles leur permettraient en effet d'offrir, au cours de l'hiver, à leur personnel, une nourriture aussi variée qu'économique.

La préparation des légumes secs notamment, est d'une réelle utilité; aussi allons-nous indiquer les meilleurs modes de préparation des diverses conserves de légumes, qui, hâtons-nous de le dire, sont faciles à mettre en exécution.

Nous considérerons successivement :

1° conserves de légumes.

2° conserves de fruits.

CONSERVES DE LÉGUMES

92 Conserves de pois verts. Un excellent procédé de préparation de conserves de pois verts, est le système Appert, qui consiste à introduire dans des bouteilles ou des bocaux, les légumes à conserver.

Les pois verts, très tendres et surtout très frais, sont versés dans ces bouteilles, que l'on bouche ensuite hermétiquement, en ficelant solidement le bouchon.

On fait ensuite cuire au bain-marie, en ayant soin de protéger les bouteilles contre la casse. Pour cela, on bouche les intervalles existant entre elles, avec de la paille ou du foin. Cette précaution prise, on verse de l'eau dans le récipient, de manière que toutes les bouteilles baignent jusqu'au goulot; puis on couvre d'une toile humide, de manière à éviter une évaporation trop considérable, qui nuirait à la réussite de l'opération.

Il ne reste alors qu'à faire bouillir pendant vingt-quatre heures environ.

Ce laps de temps écoulé, on retire le chaudron du feu et on attend pour enlever les bouteilles, que l'eau soit devenue tiède.

Un autre procédé peut encore être employé. C'est celui qui consiste à placer dans un four, après la cuisson, les bouteilles ou les bocaux bouchés et ficelés. La sole du four est au préalable couverte d'une couche de paille et les bouteilles sont rangées sans se toucher. Le four est ensuite fermé et au bout d'une journée, les conserves peuvent être retirées.

Les procédés que nous venons de décrire sont essentiellement pratiques et peuvent être réussis par toutes les ménagères.

Quant à l'industrie des conserves de légumes, elle possède des moyens et des appareils perfectionnés, sur lesquels nous n'avons pas à nous étendre.

93 Conserves de haricots verts. — On peut, pour les conserves de haricots verts, suivre les méthodes que nous venons de citer; mais, il en existe d'autres qui sont également très pratiques.

En voici une très simple : choisir les haricots

verts, bien tendres, les faire blanchir à l'eau bouillante, durant un quart d'heure ; au bout de ce temps, on les retire et on les jette dans l'eau froide. Après cette immersion, on les enlève et on les met en chapelets, avec du fil.

Ces chapelets sont d'abord suspendus pendant quarante-huit heures en plein air, puis au soleil pendant un égal laps de temps et après cinq ou six jours, on les étend sur des claies d'osier que l'on met au four après la cuisson du pain.

Les haricots se ressuient ainsi complètement et il ne reste plus qu'à les mettre dans des sacs en fort papier ou mieux, dans des caisses placées en lieu sec. On obtient de cette manière des conserves de longue durée. Lorsqu'il s'agit de consommer les haricots ainsi conservés, on les met, au préalable, tremper dans l'eau tiède durant vingt-quatre heures.

Au bout de ce temps, on peut, sans changer l'eau, soumettre à la cuisson.

M. Joigneaux a indiqué un procédé qui lui a donné de bons résultats.

Ce moyen, consiste à passer les haricots dans l'eau bouillante additionnée d'un peu de sel. Après avoir fait bouillir plusieurs fois, on retire les haricots pour les faire égoutter.

Ceci fait, on les place, soit entiers ou rompus en deux, suivant leurs dimensions dans un pot en grès ou en terre et on a soin de les tasser légèrement avec la main, afin qu'il n'y ait que peu de vide dans la masse. Une fois le récipient rempli jusqu'à cinq ou six centimètres du bord, on verse sur la conserve du beurre fondu, afin d'éviter l'accès de l'air, sur les légumes.

Ce dernier procédé, très simple, demande peu de temps et procure des conserves parfaites.

94. Conserves de tomates. — Pour les tomates, on peut en préparer des conserves, en opérant absolument comme pour les petits pois, mais en se servant, bien entendu, de bocaux à large goulot.

Mais, il y a un autre procédé plus économique et tout aussi facile à exécuter.

C'est le suivant :

Prendre des tomates bien mûres et bien fraîches, les essuyer et les placer dans des bocaux. Verser ensuite au-dessus, une saumure composée de huit parties d'eau, une de sel et une de vinaigre; puis, recouvrir avec une couche d'huile d'olive, d'environ un centimètre d'épaisseur.

On bouche ensuite le bocal et on le place en lieu sain. Ce procédé assure une conservation parfaite d'une année à l'autre.

95. Conserves de capres, cornichons, etc.

Ces conserves sont généralement faites au vinaigre et de la manière que nous allons indiquer.

Les légumes nettoyés, sont d'abord mis à macérer dans du sel, en ayant soin de les retourner souvent pour qu'ils s'en imprègnent bien.

Au bout de vingt-quatre heures, on les enlève, on les égoutte et on les place dans un vase en versant au-dessus du vinaigre, en quantité suffisante pour qu'ils y baignent parfaitement. On les laisse ainsi pendant vingt-quatre heures, puis on retire le vinaigre qu'on fait bouillir et qu'on reverse de nouveau.

On recommence l'opération deux ou trois fois et on remplace le vinaigre bouillant par du vinaigre froid, bien bouqueté. On peut alors les consommer.

CONSERVES DE FRUITS

96. — Les fruits, pommes, poires, prunes, abricots, etc., peuvent se conserver par la dessiccation comme nous l'avons déjà indiqué. Cuits, il constituent alors d'excellentes marmelades.

On peut encore les conserver dans de l'eau-de-vie, additionnée de sucre, afin de faire une liqueur agréable à boire. Ce sont les prunes, cerises, abricots, qui sont le plus souvent conservées par ce procédé.

97. — Nous allons indiquer, pour terminer ce qui a trait aux conserves alimentaires susceptibles d'être pratiquées à la ferme, la *préparation des conserves d'olives.*

On peut employer deux procédés.

Le premier consiste à cueillir les olives de bonne heure, en septembre et à les placer dans un récipient renfermant une solution alcaline de soude ou de potasse marquant 6° Baumé.

La solution alcaline peut se préparer d'une façon très économique, en mélangeant la chaux éteinte et les cendres de bois, dans les proportions de un de cendres pour deux de chaux en poids. On dispose le mélange dans un récipient, un petit tonneau par exemple, au fond duquel on place un lit de paille, puis on le remplit d'eau. En soutirant au bout d'un jour ou deux, on obtient une solution de potasse plus ou moins pure, que l'on amène par tâtonnements à 6° Baumé.

Les olives y sont mises à macérer pendant quelques heures, puis fortement lavées à l'eau, afin d'entraîner l'alcali. Le rôle de la potasse est de diminuer l'astringence de l'olive verte.

Les olives bien lavées, sont ensuite placées dans une saumure renfermant 60 grammes de sel pour 800 grammes d'eau environ, par kilogramme d'olives.

Le deuxième procédé s'applique lorsqu'on fait la cueillette plus tardivement.

On se contente alors d'entailler les olives et de les laver fortement pour leur enlever, le plus possible, leur amertume.

On les conserve ensuite dans une saumure identique à celle que nous venons d'indiquer.

BIBLIOGRAPHIE

La bibliographie des procédés de conservation est très vaste. Le lecteur, désireux d'approfondir le sujet, devra se rapporter aux divers traités d'agriculture, arboriculture, ou traités spéciaux des diverses cultures.

Nous allons néanmoins citer les plus importants d'entre eux.

GIRARDIN et DU BREUIL. — *Traité élémentaire d'agriculture*. 1885.

GASPARIN (A. DE). — *Cours d'agriculture*. 1846.

G. HEUZÉ. — *Plantes alimentaires*. 3e édition.

— *Plantes fourragères*. 3e édition.

— *Plantes industrielles*. 3e édition.

C. GAROLA. — *Les céréales*. 1894.

JOIGNEAUX. — *Le livre de la ferme* 2 vol.

BARRAL et SAGNIER. — *Dictionnaire d'agriculture*. 4 vol.

A. BOITEL. — *Prairies et herbages*.

A. DU BREUIL. — *Culture des arbres et arbrisseaux à fruits de table*.

CH. BALTET. — *Traité d'arboriculture*.

J. NANOT. — *Culture des pommes à cidre et fabrication du cidre*.

J. Nanot et Tritschler. — *Traité pratique du séchage des fruits et des légumes.*

J. Dibowski. — *Traité de culture potagère.*

Portes et Ruyssen. — *La vigne et ses produits.*

Robinet. — *Manuel des vins.*

A. F. Pouriau. — *La laiterie.* 1895.

R. Lézé. — *Les industries du lait.*

J. Jacquier. — *Vade-mecum de l'ensileur.*

TABLE DES MATIÈRES

—

CHAPITRE II

CHAPITRE III

CHAPITRE IV

CHAPITRE V

CHAPITRE VI

CHAPITRE VII

ST-AMAND (CHER). IMPRIMERIE DESTENAY, BUSSIÈRE FRÈRES

VIENT DE PARAITRE

Leçons de Géographie physique

Par **Albert de LAPPARENT**

Professeur à l'Ecole libre de Hautes-Etudes
Ancien Président de la Commission centrale de la Société de Géographie

1 volume in-8° contenant 117 figures dans le texte et une planche en couleurs. . . **12** fr.

Dans les derniers jours de 1895, lors de la discussion du budget devant le Sénat, M. Bardoux appelait l'attention du Ministre de l'Instruction publique sur la situation actuelle de l'enseignement de la Géographie physique. L'honorable sénateur constatait, sans être contredit par personne, qu'il n'y avait aujourd'hui en France qu'un seul cours complet sur la matière, celui que professait M. de Lapparent à l'Ecole libre de Hautes-Etudes.

C'est ce cours que nous venons offrir au public. Après plusieurs années d'essais, l'auteur croit avoir réussi à unir en un véritable corps de doctrines ces intéressantes considératiens, relatives à la genèse des formes géographiques, dont on peut dire qu'il a été en France le plus persévérant initiateur.

Aujourd'hui, muni de toutes les indispensables connaissances de détail que la rédaction et les remaniements successifs de son grand *Traité de Géologie* l'ont mis en mesure d'acquérir, il lui a semblé que l'heure était venue d'une synthèse, où ce qu'on peut appeler l'anatomie du globe terrestre ferait l'objet d'une exposition tout imprégnée des notions géologiques. Mais en même temps il a cherché à rendre cette intervention de la géologie aussi discrète que possible, en n'exigeant à cet égard que le minimum admissible de connaissances spéciales, comme aussi en se montrant de la plus grande sobriété dans l'emploi des termes techniques. C'est un des caractères par lesquels son œuvre se distingue des tentatives analogues déjà faites en Amérique et en Allemagne, et qui impliquent, de la part des lecteurs, une initiation géologique beaucoup plus complète que celle qu'il est prudent d'admettre aujourd'hui dans notre pays.

VIENT DE PARAITRE

Chimie des Matières colorantes

PAR

A. SEYEWETZ
Chef des travaux
à l'École de chimie industrielle de Lyon

P. SISLEY
Chimiste-Coloriste

Premier fascicule. — *Considérations générales. Matières colorantes nitrées. Matières colorantes azoxyques. Matières colorantes azoïques* (1re partie), 152 pages. . . . . **6 fr.**

Deuxième fascicule. — *Matières colorantes azoïques* (2e partie). *Matières colorantes hydrazoniques. Matières colorantes nitrosées et quinones oximes. Oxiquinones* (couleurs dérivées de l'anthracène). Pages 153 à 336. . . . . **6 fr.**

Les auteurs, dans cette importante publication, se proposent de réunir sous la forme la plus rationnelle et la plus condensée tous les éléments pouvant contribuer à l'*enseignement de la chimie des matières colorantes*, qui a pris aujourd'hui une extension si considérable.

Cet ouvrage sera, par le plan sur lequel il est conçu, d'une utilité incontestable non seulement aux chimistes se destinant soit à la fabrication des matières colorantes, soit à la teinture, mais à tous ceux qui sont désireux de se tenir au courant de ces remarquables industries.

Conditions de la publication. — *La* Chimie des Matières colorantes artificielles *sera publiée en cinq fascicules de deux mois en deux mois. On peut souscrire à l'ouvrage complet au prix de* **25** *fr., payables en recevant le premier fascicule. A partir de la publication du cinquième fascicule, ce prix sera porté à* **30** *fr.*

VIENT DE PARAITRE

Pouvoir calorifique des Combustibles

SOLIDES, LIQUIDES ET GAZEUX

Par **M. SCHEURER-KESTNER**

1 volume in-16 avec figures dans le texte . . . . 5 fr.

Cet ouvrage se compose de deux parties : Dans la première, l'auteur expose les systèmes et procédés dont on a fait usage pour chercher à se rendre compte de la chaleur dégagée pendant la combustion. Dans la seconde, il indique les règles à suivre dans les expériences industrielles qui ont pour but de déterminer le pouvoir calorifique d'un combustible. On a recherché tout ce qui a été publié à ce sujet depuis vingt-cinq ans, c'est-à-dire depuis le moment où la chaleur de combustion de la houille a été déterminée pour la première fois. Des tableaux, annexés aux chapitres, donnent les résultats connus pour les différents combustibles. On y a ajouté la composition chimique des combustibles, chaque fois que cela a été possible.

Traité

des

Matières colorantes

ORGANIQUES ET ARTIFICIELLES

de leur préparation industrielle et de leurs applications

PAR

Léon LEFÈVRE

Ingénieur (E. I. R.), Préparateur de chimie à l'École Polytechnique.

Préface de **E. GRIMAUX**, *membre de l'Institut.*

---

2 volumes grand in-8° comprenant ensemble 1650 pages, reliés toile anglaise, avec 31 gravures dans le texte et 261 échantillons.

Prix des deux volumes : **90** francs.

Le *Traité des matières colorantes* s'adresse à la fois au monde scientifique par l'étude des travaux réalisés dans cette branche si compliquée de la chimie, et au public industriel par l'exposé des méthodes rationnelles d'emploi des colorants nouveaux.

L'auteur a réuni dans des tableaux qui permettent de trouver facilement une couleur quelconque, toutes les couleurs indiquées dans les mémoires et dans les brevets. La partie technique contient, avec l'indication des brevets, les procédés employés pour la fabrication des couleurs, la description et la figure des appareils, ainsi que la description des procédés rationnels d'application des couleurs les plus récentes. Cette partie importante de l'ouvrage est illustrée par un grand nombre d'échantillons teints ou imprimés. Les échantillons, *tous fabriqués spécialement pour l'ouvrage*, sont sur soie, sur cuir, sur laine, sur coton et sur papier. Dans cette partie technique, l'auteur a été aidé par les plus éminents praticiens.

Un spécimen de 8 pages, contenant deux pages de tableaux (couleurs azoïques), six types d'échantillons, deux pages de texte et un extrait de la table alphabétique, est à la disposition de toute personne qui en fait la demande.

ANNALES DE L'UNIVERSITÉ DE LYON

DERNIERS VOLUMES PARUS :

Histoire de la compensation en droit Romain, par C. Appleton, professeur à la Faculté de Lyon. 1 vol. in-8°. . . . 7 fr. 50

Sur la représentation des courbes algébriques, par Léon Autonne, ingénieur des ponts et chaussées, maître de conférences à la Faculté de Lyon. 1 vol. in-8° . . . . 3 fr.

La République des Provinces-Unies, la France et les Pays-Bas espagnols, de 1630 à 1650, par A. Waddington, professeur adjoint à la Faculté des lettres de Lyon. Tome I (1630-1642). 1 vol. in-8° . . . . 6 fr.

Phonétique historique et comparée du sanscrit et du zend, par Paul Regnaud, professeur de sanscrit et de grammaire comparée à la Faculté des lettres de Lyon. 1 vol. in-8° . . 5 fr.

Recherches sur quelques dérivés surchlorés du phénol et du benzène, par Étienne Barral, chargé des fonctions d'agrégé à la Faculté de Lyon, pharmacien de 1re classe. 1 vol. in-8°. 5 fr.

Saint Ambroise et la morale chrétienne au IVe siècle, par Raymond Thamin, professeur de philosophie au lycée Condorcet. 1 vol. in-8°. . . . . 7 fr. 50

Étude sur le Bilharzia hæmatobia et la Bilharziose, par M. Lortet, doyen de la Faculté de médecine de Lyon, et Vialleton, professeur à la Faculté de médecine de Lyon. 1 vol. in-8° avec planches et figures dans le texte. . . . . 10 fr.

La Jeunesse de William Wordsworth (1770-1798). **Étude sur le « Prélude »**, par Emile Legouis, maître de conférences à la Faculté des lettres de Lyon. 1 vol. in-8°. . . . . 7 fr. 50

La Botanique à Lyon avant la Révolution et l'histoire du Jardin botanique municipal de cette ville, par M. Gérard, professeur à la Faculté des sciences de Lyon. 1 vol. in-8° avec figures dans le texte . . . . 3 fr. 50

L'Évolution d'un Mythe. Açvins et Dioscures, par Ch. Renel, docteur ès lettres. . . . .

Physiologie comparée de la Marmotte, par Raphael Dubois, professeur de physiologie générale et comparée à l'Université de Lyon. 1 vol. in-8° avec 119 figures dans le texte et 125 planches hors texte . . . . 15 fr.

Résultats scientifiques de la campagne du Caudan dans le golfe de Gascogne (août-septembre 1895), par R. Kœhler, professeur de zoologie à la Faculté des sciences de Lyon. Fascicule I. 1 vol. in-8° avec planches . . . .

Études sur les terrains tertiaires du Dauphiné, de la Savoie et de la Suisse occidentale, par H. Douxami, docteur ès sciences, agrégé de l'Université de Lyon. 1 vol. in-8° avec figures.

Précis d'Obstétrique

PAR

A. RIBEMONT-DESSAIGNES

Agrégé de la Faculté de Médecine, Accoucheur de l'hôpital Beaujon

ET

G. LEPAGE

Ancien chef de clinique obstétricale à la Faculté de Médecine
Accoucheur des hôpitaux.

Deuxième Édition

1 vol. in-8° de 1300 *pages, avec* 546 *figures dans le texte dont* 433 *dessinées par* A. Ribemont-Dessaignes.

Relié toile . . . . **30 fr.**

« Notre désir, disaient MM. Ribemont-Dessaignes et Lepage dans la préface de la première édition de cet ouvrage, est d'être utile aux étudiants ; à ceux-ci de dire si nous avons réussi. »

La réponse a été péremptoire : en moins d'un an cette première édition a été complètement épuisée. Nous annonçons aujourd'hui la seconde, dans laquelle les différentes questions actuellement en discussion parmi les accoucheurs ont été soigneusement mises au point ; c'est ainsi que les auteurs ont ajouté nombre de notions nouvelles sur la *pathologie de la grossesse*, les *opérations obstétricales*, le *traitement des suites de couches pathologiques*, etc. Pour la partie anatomique on a mis à contribution les leçons de M. Mathias-Duval sur l'*œuf* et *son développement*, ainsi que les travaux de M. L.-H. Farabeuf sur l'anatomie obstétricale et en particulier sur les *articulations du bassin ;* on a tenu également à faire connaître les instruments nouveaux imaginés par L. Farabeuf pour la symphyséotomie. Enfin les auteurs ont demandé aux différents maîtres de l'obstétrique française de leur signaler les lacunes de la première édition, afin de les combler.

Traité de Chirurgie cérébrale

PAR

A. BROCA
Chirurgien des hôpitaux de Paris
Prof[r] agrégé à la Faculté de médecine

P. MAUBRAC
Ancien prosecteur
à la Faculté de médecine de Bordeaux

1 volume in-8° avec 72 figures dans le texte . . . . **12 fr.**

Dans ce livre, les auteurs ont réuni les documents relatifs à cette chirurgie née d'hier et cependant déjà très étendue. Dans une première partie, ils étudient les généralités, c'est-à-dire les grandes indications thérapeutiques et le manuel opératoire, d'après les données actuelles de l'anatomie, de la topographie crânio-cérébrale et de la physiologie des localisations. Dans la seconde partie, sont passées en revue les diverses lésions justiciables de la chirurgie : lésions traumatiques récentes et anciennes, complications des otites, tumeurs, hémorrhagies et ramollissements, microcéphalie, hydrocéphalie, épilepsie. Ce livre est avant tout écrit au point de vue clinique. Les observations personnelles de M. A. Broca sont au nombre de 31. La bibliographie, avec observations résumées, est très abondante et exacte.

Leçons de Clinique Médicale

(HOTEL-DIEU 1894-1895)

Par le Dr **Pierre MARIE**

PROFESSEUR AGRÉGÉ A LA FACULTÉ DE MÉDECINE DE PARIS

1 volume in-8° avec 57 figures dans le texte . . . . **6 fr.**

Ce volume contient quelques-unes des leçons faites à l'Hôtel-Dieu par M. Pierre Marie pendant un remplacement du professeur G. Sée. La série de ces 16 leçons est consacrée aux sujets suivants : **Rhumatisme chronique infectieux et rhumatisme chronique arthritique. — Déformations thoraciques dans quelques affections médicales** (particulièrement « thorax en entonnoir »). — **Des Diabètes sucrés** (3 leçons sont consacrées à ce sujet, elles contiennent des documents intéressants sur différents points tels que l'intervention chirurgicale dans le diabète, le diabète conjugal, la pluralité des diabètes sucrés, l'hémiplégie des diabétiques, etc.). — **Du Diabète bronzé** (l'auteur donne un tableau général de cette affection et soutient qu'il s'agit non pas d'une complication du diabète sucré, mais d'une entité morbide spéciale plus ou moins voisine du diabète pancréatique). — **Albuminurie cyclique** (celle-ci dans sa forme pure serait due à un trouble dans l'action du grand sympathique). — **Cyanose congénitale par malformations cardiaques** (à l'occasion de deux cas dont un avec autopsie, l'auteur étudie celles des malformations cardiaques qui sont compatibles avec une certaine survie, les seules qui en réalité intéressent le clinicien ; dans cette étude, il s'appuie constamment sur l'embryologie cardiaque, sommairement mais clairement exposée grâce à de nombreuses figures). — La dernière leçon est consacrée à la **Neurofibromatose généralisée,** affection encore peu connue du public médical, bien qu'assez fréquemment observée. Ici encore un grand nombre de très curieuses figures permettent au lecteur de se faire une idée exacte de cette singulière maladie.

Traité de Chirurgie

PUBLIÉ SOUS LA DIRECTION DE MM.

Simon DUPLAY
Professeur de clinique chirurgicale
à la Faculté de Médecine de Paris
Membre de l'Académie de Médecine.

Paul RECLUS
Professeur agrégé à la Faculté
de Médecine de Paris
Chirurgien des hôpitaux
Membre de la Société de chirurgie

PAR MM.

BERGER — BROCA — DELBET — DELENS — FORGUE
GÉRARD-MARCHANT — HARTMANN — HEYDENREICH
JALAGUIER — KIRMISSON — LAGRANGE — LEJARS
MICHAUX — NÉLATON — PEYROT — PONCET — POTHERAT
QUÉNU — RICARD — SEGOND — TUFFIER — WALTHER

8 volumes grand in-8° avec nombreuses figures. **150** fr.

Traité de Médecine

PUBLIÉ SOUS LA DIRECTION DE MM.

CHARCOT
Prof^r de clinique des maladies nerveuses
à la Faculté de médecine de Paris,
Membre de l'Institut.

BOUCHARD
Professeur de pathologie générale
à la Faculté de médecine de Paris
Membre de l'Institut.

BRISSAUD
Professeur agrégé à la Faculté de médecine de Paris,
Médecin de l'hôpital Saint-Antoine.

PAR MM.

BABINSKI — BALLET — P. BLOCQ — BOIX — BRAULT
CHANTEMESSE — CHARRIN — CHAUFFARD — COURTOIS-SUFFIT
DUTIL — GILBERT — L. GUINON — GEORGES GUINON
HALLION — LAMY — LE GENDRE — MARFAN — MARIE — MATHIEU
NETTER — ŒTTINGER — ANDRÉ PETIT
RICHARDIÈRE — ROGER — RUAULT — SOUQUES — THIBIERGE
THOINOT — FERNAND WIDAL

6 volumes grand in-8° avec nombreuses figures. **125 fr.**

COURS PRÉPARATOIRE

Au Certificat d'Études physiques, chimiques et naturelles

(P. C. N.)

Précis de Zoologie

Par le Dr G. CARLET

Professeur à la Faculté des sciences et à l'École de médecine de Grenoble

QUATRIÈME ÉDITION ENTIÈREMENT REFONDUE

Par **RÉMY PERRIER**

Ancien élève de l'École normale supérieure
Agrégé, Docteur ès sciences naturelles
Chargé du cours préparatoire P. C. N. à la Faculté des sciences de Paris

1 vol. in-8° de 860 pages avec 740 figures dans le texte, **9** *fr.*

Traité de Manipulations de physique

Par **B.-C. DAMIEN**

Professeur de physique à la Faculté des sciences de Lille

et **R. PAILLOT**

Agrégé, Chef des travaux pratiques de physique à la Faculté des sciences de Lille

1 volume in-8° avec 246 figures dans le texte. . . . . **7** *fr.*

Éléments de Chimie organique et de Chimie biologique

Par **ŒCHSNER DE CONINCK**

Professeur à la Faculté des sciences de Montpellier
Membre de la Société de biologie
Lauréat de l'Académie de médecine et de l'Académie des sciences

1 volume in-16. . . . . **2** *fr.*

Paris. — Imprimerie L. Maretheux, 1, rue Cassette. — 8352.

LIBRAIRIE GAUTHIER-VILLARS ET FILS

55, QUAI DES GRANDS-AUGUSTINS, A PARIS.

Envoi *franco* contre mandat-poste ou valeur sur Paris.

TRAITÉ
DE
MÉCANIQUE RATIONNELLE

PAR

PAUL APPELL,

Membre de l'Institut, Professeur à la Faculté des Sciences.

TROIS BEAUX VOLUMES GRAND IN-8, AVEC FIGURES, SE VENDANT SÉPARÉMENT :

TOME I : Statique. Dynamique du point, avec 178 figures; 1893 . . . . **16 fr.**

TOME II : Dynamique des systèmes. Mécanique analytique, avec 99 figures; 1896 . . . . **16 fr.**

TOME III : Hydrostatique. Hydrodynamique . . . . (*Sous presse.*)

Ce Traité est le résumé des Leçons que l'Auteur fait depuis plusieurs années à la Faculté des Sciences de Paris sur le programme de la Licence. Comme la Mécanique était, jusqu'à présent, à peine enseignée dans les Lycées, on ne suppose chez le lecteur aucune connaissance de cette science et l'on commence par l'exposition des notions préliminaires indispensables, théorie des vecteurs, cinématique du point et du corps solide, principes de la Mécanique, travail des forces. Vient ensuite la Mécanique proprement dite, divisée en Statique et Dynamique.

Ce qui fait le caractère distinctif de cet Ouvrage et ce qui justifiera la publication d'une nouvelle Mécanique rationnelle après tant d'autres excellents Traités, c'est l'introduction de la Mécanique analytique dans les commencements mêmes du Cours. Au lieu de reléguer les méthodes de Lagrange à la fin et d'en faire une exposition entièrement séparée, l'Auteur a essayé de les introduire dans le courant de l'Ouvrage.

LIBRAIRIE GAUTHIER-VILLARS ET FILS

COURS
DE
GÉOMÉTRIE ANALYTIQUE

A L'USAGE

des Élèves de la Classe de Mathématiques spéciales et des Candidats aux Écoles du Gouvernement,

PAR

B. NIEWENGLOWSKI,

Docteur ès Sciences,
Ancien Professeur de Mathématiques spéciales au Lycée Louis-le-Grand,
Inspecteur de l'Académie de Paris.

3 VOLUMES GRAND IN-8, AVEC NOMBREUSES FIGURES, SE VENDANT SÉPARÉMENT :

TOME I : Sections coniques; 1894.................................... **10 fr.**

TOME II : Construction des courbes planes. Compléments relatifs aux coniques; 1895.................................... **8 fr.**

TOME III : Géométrie dans l'espace, avec une Note sur les transformations en Géométrie; par E. BOREL, Maître de Conférences à la Faculté des Sciences de Lille; 1896.................................... **14 fr.**

Ce *Cours* comprend tout ce qui est exigé des candidats à l'École Polytechnique ou à l'École Normale relativement à la Géométrie analytique; il contient davantage. Les élèves qui se préparent à subir les épreuves d'un concours difficile sont obligés d'apprendre plus que le programme, en vertu de cet adage: *Qui peut le plus, peut le moins*. Aussi l'Auteur ne s'est-il pas limité aux seules théories qui figurent explicitement dans les programmes officiels, et a-t-il, par exemple, développé les questions relatives aux coordonnées trilinéaires, aux coordonnées tangentielles, etc. On a eu soin, du reste, de composer en plus petits caractères les parties qui ne figurent pas dans les programmes et parfois aussi de simples applications.

Chaque Chapitre est suivi d'exercices, tous choisis parmi ceux qui offrent des applications immédiates ou des compléments utiles.

TOME IV (2ᵉ Partie). — MAGNÉTISME; APPLICATIONS. — 13 fr.

3ᵉ fascicule. — *Les aimants. Magnétisme. Électromagnétisme. Induction*; avec 240 figures.................................. 8 fr.

4ᵉ fascicule. — *Météorologie électrique; applications de l'électricité. Théories générales*; avec 84 figures et 1 planche..... 5 fr.

TABLES GÉNÉRALES.

Tables générales, par ordre de matières et par noms d'auteurs des quatre volumes du **Cours de Physique**. In-8; 1891... 60 c.

Des suppléments destinés à exposer les progrès accomplis viendront compléter ce grand Traité et le maintenir au courant des derniers travaux.

1ᵉʳ SUPPLÉMENT. — **Chaleur. Acoustique. Optique**, par E. BOUTY, Professeur à la Faculté des Sciences. In-8, avec 41 fig.; 1896. 3 fr. 50 c.

PREMIERS PRINCIPES

D'ÉLECTRICITÉ INDUSTRIELLE

PILES, ACCUMULATEURS, DYNAMOS, TRANSFORMATEURS,

Par M. Paul JANET.

Chargé de Cours à la Faculté des Sciences de Paris,
Directeur du Laboratoire central d'Électricité.

2ᵉ ÉDITION, REVUE ET CORRIGÉE.

Un volume in-8, avec 173 figures; 1896.......... .. .. 6 fr.

COURS ÉLÉMENTAIRE D'ÉLECTRICITÉ

Lois expérimentales et principes généraux. Introduction à l'Électrotechnique.

(Leçons professées à l'Institut industriel du Nord de la France).

Par M. Bernard BRUNHES,

Docteur ès Sciences, Maître de Conférences à la Faculté des Sciences de Lille.

Un volume in-8, avec 137 figures; 1895.............................. 5 fr.

MESURES ÉLECTRIQUES

LEÇONS PROFESSÉES A L'INSTITUT ÉLECTROTECHNIQUE MONTEFIORE
ANNEXÉ A L'UNIVERSITÉ DE LIÈGE.

Par M. Eric GÉRARD,

Directeur de l'Institut Électrotechnique Montefiore, Ingénieur principal des Télégraphes,
Professeur à l'Université de Liège.

Grand in-8, 450 pages, 198 figures; cartonné toile anglaise... ... 12 fr.

COURS DE CHEMINS DE FER

PROFESSÉ A L'ÉCOLE NATIONALE DES PONTS ET CHAUSSÉES

Par M. C. BRICKA,

Ingénieur en chef de la voie et des bâtiments aux Chemins de fer de l'État.

2 VOLUMES GRAND IN-8; 1894 (E. T. P.)

TOME I : Études. — Construction. — Voie et appareils de voie. — Volume de VIII-634 pages avec 326 figures; 1894 .... **20** fr.

TOME II : Matériel roulant et Traction. — Exploitation technique. — Tarifs. — Dépenses de construction et d'exploitation. — Régime des concessions. — Chemins de fer de systèmes divers. — Volume de 709 pages, avec 177 figures; 1894 ..... **20** fr.

COUVERTURE DES ÉDIFICES

ARDOISES, TUILES, MÉTAUX, MATIÈRES DIVERSES,

Par M. J. DENFER,

Architecte, Professeur à l'École Centrale.

UN VOLUME GRAND IN-8, AVEC 429 FIG.; 1893 (E. T. P.).. **20** FR

CHARPENTERIE MÉTALLIQUE

MENUISERIE EN FER ET SERRURERIE,

Par M. J. DENFER,

Architecte, Professeur à l'École Centrale.

2 VOLUMES GRAND IN-8; 1894 (E. T. P.).

TOME I : Généralités sur la fonte, le fer et l'acier. — Résistance de ces matériaux. — Assemblages des éléments métalliques. — Chaînages, linteaux et poitrails. — Planchers en fer. — Supports verticaux. Colonnes en fonte. Poteaux et piliers en fer. — Grand in-8 de 584 pages avec 479 figures; 1894 .... **20** fr.

TOME II : Pans métalliques. — Combles. — Passerelles et petits ponts. — Escaliers en fer. — Serrurerie. (Ferrements des charpentes et menuiseries. Paratonnerres. Clôtures métalliques. Menuiserie en fer. Serres et vérandas). — Grand in-8 de 626 pages avec 571 figures; 1894 .... **20** fr.

ÉLÉMENTS ET ORGANES DES MACHINES

Par M. Al. GOUILLY,

Ingénieur des Arts et Manufactures.

GRAND IN-8 DE 406 PAGES, AVEC 710 FIG.; 1894 (E. I.).... **12** FR.

LE VIN ET L'EAU-DE-VIE DE VIN

Par Henri DE LAPPARENT,

Inspecteur général de l'Agriculture.

INFLUENCE DES CÉPAGES, DES CLIMATS, DES SOLS, ETC., SUR LA QUALITÉ DU VIN, VINIFICATION, CUVERIE ET CHAIS, LE VIN APRÈS LE DÉCUVAGE, ÉCONOMIE, LÉGISLATION.

GRAND IN-8 DE XII-533 PAGES, AVEC 111 FIG. ET 28 CARTES DANS LE TEXTE; 1895 (E. I.).... .... **12** FR.

CONSTRUCTION PRATIQUE des NAVIRES de GUERRE

Par M. A. CRONEAU,

Ingénieur de la Marine,
Professeur à l'École d'application du Génie maritime.

2 VOLUMES GRAND IN-8 ET ATLAS; 1894 (E. I.).

TOME I : Plans et devis. — Matériaux. — Assemblages. — Différents types de navires. — Charpente. — Revêtement de la coque et des ponts. — Gr. in-8 de 379 pages avec 305 fig. et un Atlas de 11 pl. in-4° doubles, dont 2 en trois couleurs; 1894. **18** fr.

TOME II : Compartimentage. — Cuirassement. — Pavois et garde-corps. — Ouvertures pratiquées dans la coque, les ponts et les cloisons. — Pièces rapportées sur la coque. — Ventilation. — Service d'eau. — Gouvernails. — Corrosion et salissure. — Poids et résistance des coques. — Grand in-8 de 616 pages avec 359 fig.; 1894. **15** fr.

PONTS SOUS RAILS ET PONTS-ROUTES A TRAVÉES MÉTALLIQUES INDÉPENDANTES.

FORMULES, BARÈMES ET TABLEAUX

Par Ernest HENRY,

Inspecteur général des Ponts et Chaussées.

UN VOL. GRAND IN-8, AVEC 267 FIG.; 1894 (E. T. P.).... **20** FR.

Calculs rapides pour l'établissement des projets de ponts métalliques et pour le contrôle de ces projets, sans emploi des méthodes analytiques ni de la statique graphique (économie de temps et certitude de ne pas commettre d'erreurs).

BLANCHIMENT ET APPRÊTS
TEINTURE ET IMPRESSION

PAR

Ch.-Er. GUIGNET,
Directeur des teintures aux Manufactures nationales des Gobelins et de Beauvais.

F. DOMMER,
Professeur à l'École de Physique et de Chimie industrielles de la Ville de Paris.

E. GRANDMOUGIN,
Chimiste, ancien préparateur à l'École de Chimie de Mulhouse.

UN VOLUME GRAND IN-8 DE 674 PAGES, AVEC 368 FIGURES ET ÉCHANTILLONS DE TISSUS IMPRIMÉS; 1895 (E. I.)........ **30 FR.**

TRAITÉ DE CHIMIE ORGANIQUE APPLIQUÉE

Par M. A. JOANNIS,
Professeur à la Faculté des Sciences de Bordeaux,
Chargé de cours à la Faculté des Sciences de Paris.

2 VOLUMES GRAND IN-8 (E. I.).

TOME I : Généralités. Carbures. Alcools. Phénols. Éthers. Aldéhydes. Cétones. Quinones. Sucres. — Volume de 688 pages, avec figures; 1896.......... **20 fr.**

TOME II : Hydrates de carbone. Acides. Alcalis organiques. Amides. Nitrites. Composés azoïques. Radicaux organométalliques. Matières albuminoïdes. Fermentations. Matières alimentaires. *(Pour paraître en 1896.)*

MANUEL DE DROIT ADMINISTRATIF

SERVICE DES PONTS ET CHAUSSÉES ET DES CHEMINS VICINAUX,

Par M. Georges LECHALAS,
Ingénieur en chef des Ponts et Chaussées.

2 VOLUMES GRAND IN-8, SE VENDANT SÉPARÉMENT. (E. T. P.)

TOME I : Notions sur les trois pouvoirs. Personnel des Ponts et Chaussées. Principe d'ordre financier. Travaux intéressant plusieurs services. Expropriations. Dommages et occupations temporaires. — Volume de CXLVII-536 pages; 1889.......... **20 fr.**

TOME II (Ire PARTIE) : Participation des tiers aux dépenses des travaux publics. Adjudications. Fournitures. Régie. Entreprises. Concessions. — Volume de VIII-399 pages; 1893.......... **10 fr.**

COURS DE GÉOMÉTRIE DESCRIPTIVE
ET DE GÉOMÉTRIE INFINITÉSIMALE,

Par M. Maurice D'OCAGNE,
Ingénieur des Ponts et Chaussées, Professeur à l'École des Ponts et Chaussées, Répétiteur à l'École Polytechnique.

UN VOLUME GRAND IN-8, DE XI-428 PAGES, AVEC 340 FIGURES; 1896 (E. T. P.).......... **12 FR.**

LIBRAIRIE GAUTHIER-VILLARS ET FILS.

BIBLIOTHÈQUE PHOTOGRAPHIQUE

La Bibliothèque photographique se compose de plus de 200 volumes et embrasse l'ensemble de la Photographie considérée au point de vue de la science, de l'art et des applications pratiques.

A côté d'Ouvrages d'une certaine étendue, comme le *Traité* de M. Davanne, le *Traité encyclopédique* de M. Fabre, le *Dictionnaire de Chimie photographique* de M. Fourtier, la *Photographie médicale* de M. Londe, etc., elle comprend une série de monographies nécessaires à celui qui veut étudier à fond un procédé et apprendre les tours de main indispensables pour le mettre en pratique. Elle s'adresse donc aussi bien à l'amateur qu'au professionnel, au savant qu'au praticien.

TRAITÉ DE PHOTOGRAPHIE PAR LES PROCÉDÉS PELLICULAIRES,

Par M. George BALAGNY, Membre de la Société française de Photographie, Docteur en droit.

2 volumes grand in-8, avec figures; 1889-1890.

On vend séparément :

TOME I : Généralités. Plaques souples. Théorie et pratique des trois développements au fer, à l'acide pyrogallique et à l'hydroquinone.......... 4 fr.

TOME II : Papiers pelliculaires. Applications générales des procédés pelliculaires. Phototypie. Contretypes. Transparents.......... 4 fr.

MANUEL DE PHOTOCHROMIE INTERFÉRENTIELLE.

Procédés de reproduction directe des couleurs; par M. A. BERTHIER.

In-18 jésus, avec figures; 1895.......... 3 fr. 50 c.

CE QU'IL FAUT SAVOIR POUR RÉUSSIR EN PHOTOGRAPHIE.

Par A. COURRÈGES, Praticien.

2e édition, revue et augmentée. Petit in-8, avec 1 planche en photocollographie; 1896.......... 2 fr. 50 c.

LA PHOTOGRAPHIE. TRAITÉ THÉORIQUE ET PRATIQUE.

Par M. DAVANNE.

2 beaux volumes grand in-8, avec 234 fig. et 4 planches spécimens.. 32 fr.

On vend séparément :

Ire PARTIE : Notions élémentaires. — Historique. — Épreuves négatives. — Principes communs à tous les procédés négatifs. — Epreuves sur albumine, sur collodion, sur gélatinobromure d'argent, sur pellicules, sur papier. Avec 2 planches spécimens et 120 figures; 1886.......... 16 fr.

IIe PARTIE : Épreuves positives : aux sels d'argent, de platine, de fer, de chrome. — Épreuves par impressions photomécaniques. — Divers : Les couleurs en Photographie. Épreuves stéréoscopiques. Projections, agrandissements, micrographie. Réductions, épreuves microscopiques. Notions élémentaires de Chimie, vocabulaire. Avec 2 planches spécimens et 114 figures; 1888.......... 16 fr.

Un supplément, mettant cet important Ouvrage au courant des derniers travaux, est en préparation.

TRAITÉ DE PHOTOGRAPHIE STÉRÉOSCOPIQUE.

Théorie et pratique; par M. A.-L. DONNADIEU, Docteur ès Sciences, Professeur à la Faculté des Sciences de Lyon.

Grand in-8, avec Atlas de 20 planches stéréoscopiques en photocollographie; 1892........ 9 fr.

LA PHOTOGRAPHIE SANS MAITRE,

Par M. Eugène DUMOULIN.

2e édition, entièrement refondue. In-18 jésus, avec figures; 1896. 1 fr. 75 c.

TRAITÉ ENCYCLOPÉDIQUE DE PHOTOGRAPHIE,

Par M. C. FABRE, Docteur ès Sciences.

4 beaux vol. grand in-8, avec 724 figures et 2 planches; 1889-1891... 48 fr.

Chaque volume se vend séparément 14 *fr.*

Des suppléments destinés à exposer les progrès accomplis viendront compléter ce Traité et le maintenir au courant des dernières découvertes.

1er *Supplément* (A). Un beau vol. gr. in-8 de 400 p. avec 176 fig.; 1892. 14 fr.

Les 5 volumes se vendent ensemble........ 60 fr.

DICTIONNAIRE PRATIQUE DE CHIMIE PHOTOGRAPHIQUE,

Contenant une *Étude méthodique des divers corps usités en Photographie*, précédé de *Notions usuelles de Chimie* et suivi d'une description détaillée des *Manipulations photographiques*;

Par M. H. FOURTIER.

Grand in-8, avec figures; 1892........ 8 fr.

LES POSITIFS SUR VERRE.

Théorie et pratique. Les Positifs pour projections. Stéréoscopés et vitraux. Méthodes opératoires. Coloriage et montage;

Par M. H. FOURTIER.

Grand in-8, avec figures; 1892........ 4 fr. 50 c.

LA PRATIQUE DES PROJECTIONS.

Étude méthodique des appareils. Les accessoires. Usages et applications diverses des projections. Conduite des séances;

Par M. H. FOURTIER.

2 vol. in-18 jésus.

TOME I. Les Appareils, avec 66 figures; 1892........ 2 fr. 75 c.
TOME II. Les Accessoires. La Séance de projections, avec 67 fig.; 1893. 2 fr. 75 c.

LES LUMIÈRES ARTIFICIELLES EN PHOTOGRAPHIE.

Étude méthodique et pratique des différentes sources artificielles de lumières, suivie de recherches inédites sur la puissance des photopoudres et des lampes au magnésium;

Par M. H. FOURTIER.

Grand in-8, avec 19 figures et 8 planches; 1895........ 4 fr. 50 c.

LE FORMULAIRE CLASSEUR DU PHOTO-CLUB DE PARIS.

Collection de formules sur fiches renfermées dans un élégant cartonnage et classées en trois Parties : *Phototypes, Photocopies et Photocalques, Notes et renseignements divers*, divisées chacune en plusieurs Sections ;

Par MM. H. Fourtier, Bourgeois et Bucquet.

Première Série ; 1892 .... 4 fr.
Deuxième Série ; 1894 .... 3 fr. 50 c.

TRAITÉ DE PHOTOGRAPHIE INDUSTRIELLE,

THÉORIE ET PRATIQUE,

Par Ch. Féry et A. Burais.

In-18 jésus, avec 94 figures et 9 planches ; 1896 .... 5 fr.

DICTIONNAIRE SYNONYMIQUE FRANÇAIS, ALLEMAND, ANGLAIS, ITALIEN ET LATIN DES MOTS TECHNIQUES ET SCIENTIFIQUES EMPLOYÉS EN PHOTOGRAPHIE ;

Par M. Anthonny Guerronnan.

Grand in-8 ; 1895 .... 5 fr.

L'ART PHOTOGRAPHIQUE DANS LE PAYSAGE.

Étude et pratique ;

Par Horsley-Hinton, — traduit de l'anglais par H. Colard.

Grand in-8, avec 11 planches ; 1894 .... 3 fr.

LA PHOTOGRAPHIE MÉDICALE.

Applications aux Sciences médicales et physiologiques ;

Par M. A. Londe.

Grand in-8, avec 80 figures et 19 planches ; 1893 .... 9 fr.

VIRAGES ET FIXAGES.

Traité historique, théorique et pratique ;

Par M. P. Mercier,

Chimiste, Lauréat de l'École supérieure de Pharmacie de Paris.

2 volumes in-18 jésus ; 1892 .... 5 fr.

On vend séparément :

Ire Partie : Notice historique. Virages aux sels d'or .... 2 fr. 75 c.
IIe Partie : Virages aux divers métaux. Fixages .... 2 fr. 75 c.

INSTRUCTIONS PRATIQUES POUR PRODUIRE DES ÉPREUVES IRRÉPROCHABLES AU POINT DE VUE TECHNIQUE ET ARTISTIQUE.

Par M. A. Mullin,

Professeur de Physique au Lycée de Grenoble, Officier de l'Instruction publique.

In-18 jésus, avec figures ; 1895 .... 2 fr. 75 c.

TRAITÉ PRATIQUE DES AGRANDISSEMENTS PHOTOGRAPHIQUES.

Par M. E. TRUTAT.

2 volumes in-18 jésus, avec 105 figures; 1891 .... 5 fr.

On vend séparément :

Ire PARTIE : Obtention des petits clichés; avec 52 figures. 2 fr. 75

IIe PARTIE : Agrandissements; avec 53 figures....... 2 fr. 75 c.

IMPRESSIONS PHOTOGRAPHIQUES AUX ENCRES GRASSES.

Traité pratique de Photocollographie à l'usage des amateurs;

Par M. E. TRUTAT.

In-18 jésus, av. nomb. fig. et 1 pl. en photocollographie; 1892... 2 fr. 75 c.

LA PHOTOTYPOGRAVURE A DEMI-TEINTES.

Manuel pratique des procédés de demi-teintes, sur zinc et sur cuivre;

Par M. Julius VERFASSER.

Traduit de l'anglais par M. E. COUSIN, Secrétaire-agent de la Société française de Photographie.

In-18 jésus, avec 56 figures et 3 planches; 1895. 3 fr.

TRAITÉ PRATIQUE DE PHOTOLITHOGRAPHIE.

Photolithographie directe et par voie de transfert. Photozincographie. Photocollographie. Autographie. Photographie sur bois et sur métal à graver. Tours de main et formules diverses;

Par M. Léon VIDAL,

Officier de l'Instruction publique, Professeur à l'École nationale des Arts décoratifs.

In-18 jésus, avec 25 fig., 2 planches et spécimens de papiers autographiques; 1893........ .... 6 fr. 50 c.

MANUEL DU TOURISTE PHOTOGRAPHE.

Par M. Léon VIDAL.

2 volumes in-18 jésus, avec nombreuses figures. Nouvelle édition, revue et augmentée; 1889. .... 10 fr.

On vend séparément :

Ire PARTIE : Couches sensibles négatives. — Objectifs. — Appareils portatifs. — Obturateurs rapides. — Pose et Photométrie. — Développement et fixage. — Renforçateurs et réducteurs. — Vernissage et retouche des négatifs....... 6 fr.

IIe PARTIE : Impressions positives aux sels d'argent et de platine. — Retouche et montage des épreuves. — Photographie instantanée. — Appendice indiquant les derniers perfectionnements. — Devis de la première dépense à faire pour l'achat d'un matériel photographique de campagne et prix courant des produits... 4 fr.

MANUEL PRATIQUE D'ORTHOCHROMATISME.

Par M. Léon VIDAL.

In-18 jésus, avec figures et 2 planches, dont une en photocollographie et un spectre en couleur; 1891... .... 2 fr. 75 c.

NOUVEAU GUIDE PRATIQUE DU PHOTOGRAPHE AMATEUR.

Par M. G. VIEUILLE.

3e édition, refondue et beaucoup augmentée. In-18 jésus, avec figures; 1892 .... 2 fr. 75 c.

5423 B. — Paris, Imp. Gauthier-Villars et fils, 55, quai des Gr.-Augustins.

ENCYCLOPÉDIE SCIENTIFIQUE DES AIDE-MÉMOIRE

Ouvrages parus

Section de l'Ingénieur

MEYER (Ernest). — L'utilité publique et la propriété privée.
WALLON. — Objectifs photographiques.
BLOCH. — Eau sous pression.
DE LAUNAY. — Production métallifère.
CRONEAU. — Construction du navire.
DE MARCHENA. — Machines frigorifiques (2 vol.).
PRUD'HOMME. — Teinture et impressions.
ALHEILIG. — Construction et résistance des machines à vapeur.
SOREL. — La rectification de l'alcool.
P. MINEL. — Électricité appliquée à la marine.
DWELSHAUVERS-DERY. — Étude expérimentale dynamique de la machine à vapeur.
AIMÉ WITZ. — Les moteurs thermiques.
DE BILLY. — Fabrication de la fonte.
P. MINEL. — Régularisation des moteurs des machines électriques.
HENNEBERT (Cl). — La fortification.
CASPARI. — Chronomètres de marine.
LOUIS JACQUET. — La fabrication des eaux-de-vie.
DUDEBOUT et CRONEAU. — Appareils accessoires des chaudières à vapeur.
C. BOURLET. — Traité des bicycles et bicyclettes.
H. LÉAUTÉ et A. BÉRARD. — Transmissions par câbles métalliques.
DE LA BAUME PLUVINEL. — La théorie des procédés photographiques.
HATT. — Les marées.
Ct VALLIER. — Balistique (2 vol.).
SOREL. — La distillation.
LELOUTRE. — Le fonctionnement des machines à vapeur.
H. LAURENT. — Assurances sur la vie.
HENNEBERT (Cl). — Bouches à feu.
NIWENGLOWSKI. — Applications scientifiques de la photographie.
MOESSARD. — Topographie.
DARIÈS. — Cubature des terrasses et mouvement des terres.
ROCQUES (X.). — Analyse des alcools et eaux-de-vie.
SIDERSKY. — Polarisation et saccharimétrie.
GOUILLY. — Géométrie descriptive (3 v.).
BOURSAULT. — Calcul du temps de pose en photographie.
SEGUELA. — Les tramways.
LEFÈVRE. — La spectroscopie.
LE VERRIER. — La fonderie.
HENNEBERT (Cl) — Attaque des places.

Section du Biologiste

CASTEX. — Hygiène de la voix parlée et chantée.
MAGNAN ET SÉRIEUX. — La paralysie générale.
CUÉNOT. — L'influence du milieu sur les animaux.
MERKLEN. — Maladies du cœur.
G. ROCHÉ. — Les grandes pêches maritimes modernes de la France.
OLLIER. — La régénération des os et les résections sous-périostées.
LETULLE. — Pus et suppuration.
CRITZMAN. — Le cancer.
ARMAND GAUTIER. — La chimie de la cellule vivante.
MÉGNIN. — La faune des cadavres.
SÉGLAS. — Le délire des négations.
STANISLAS MEUNIER. — Les météorites.
GRÉHANT. — Les gaz du sang.
NOCARD. — Les tuberculoses animales et la tuberculose humaine.
MOUSSOUS. — Maladies congénitales du cœur.
BERTHAULT. — Les prairies naturelles et temporaires.
ETARD. — Les nouvelles théories chimiques.
TROUESSART. — Parasites des habitations humaines.
LAMY. — Syphilis des centres nerveux.
RECLUS. — La cocaïne en chirurgie.
THOULET. — Guide d'océanographie pratique.
OLLIER. — Résections des grandes articulations.
VICTOR MEUNIER. — Sélection et perfectionnement animal.
HOUDAILLE. — Météorologie agricole.
GALIPPE ET BARRÉ. — Le pain (2 v.).
CHARRIN. — Poisons du tube digestif.
HÉNOCQUE. — Spectroscopie du sang.
LE DANTEC. — La matière vivante.
L'HOTE. — Analyse des engrais.
LARBALÉTRIER. — Les tourteaux de graines oléagineuses.
LE DANTEC ET BÉRARD. — Les sporozaires.
DEMMLER. — Soins à donner aux malades.
DALLEMAGNE. — Les stigmates et la théorie de la criminalité (3 vol.).
BRAULT. — Des artérites.
RAVAZ. — Reconstitution du vignoble.
BAZY. — Troubles fonctionnels des voies urinaires.

www.ingramcontent.com/pod-product-compliance
Ingram Content Group UK Ltd.
Pitfield, Milton Keynes, MK11 3LW, UK
UKHW020324230726
13925UKWH00002B/619